智能与演化:宇宙时空的终极秘密

曾晓先　曾乐才　著

国防工业出版社
·北京·

图书在版编目(CIP)数据

智能与演化:宇宙时空的终极秘密 / 曾晓先,曾乐才著. -- 北京:国防工业出版社,2024.11. --ISBN 978-7-118-13439-1

Ⅰ.TP18

中国国家版本馆 CIP 数据核字第 2024FJ2098 号

※

*国防工业出版社*出版发行
(北京市海淀区紫竹院南路 23 号　邮政编码 100048)
北京虎彩文化传播有限公司印刷
新华书店经售

*

开本 710×1000　1/16　彩插 5　印张 11¼　字数 227 千字
2024 年 11 月第 1 版第 1 次印刷　印数 1—1200 册　定价 88.00 元

(本书如有印装错误,我社负责调换)

国防书店:(010)88540777	书店传真:(010)88540776
发行业务:(010)88540717	发行传真:(010)88540762

前　言

物理学家费曼曾将对科学理论的探索比作拼图。首先确定解答的问题，其次绘制一幅通向终点的蓝图，最后将现成的碎片拼凑起来看看能否得偿所愿。

本书记录了这样一段"拓荒之旅"，它的目标是最令人感到好奇的科学领域，关于心智及其形成的秘密。在正式"出发"前，我们还会拜访一些"老朋友"，从物理学中找到时间的意义，从系统科学中寻找物质存在的真相，然后将它们拼凑成揭开演化奥秘的图纸。

探索会沿着时间的长河前进，纵览地球数十亿年的演化史，见证无数生命的诞生与湮灭，最后找到智能、文明还有我们自己。

本书的内容涵盖了哲学、理论物理、生物学、心理学的诸多细分领域，阐述了一个基于交叉学科的心智演化理论。虽然篇幅不长，但是仍然需要相当大的耐心和毅力才能读完。

本书共5个章节，包括1个前置章节和4个主要章节。

第1章主要对心智哲学的研究做了一次整体性的回顾和总结，是人类认识世界的能力，主要是明确主题和研究的极限边界。

第2章主要讨论了宇宙和时间问题。宇宙和时间是物理学的研究领域。当前主流物理学界认为时间是一个标量，时间的流逝没有客观意义。如果基于这种思想，生命和智能的存在与演化就只能被视作某种概率极低的偶发事件，是物理学理论无法解释的，也不具备任何的必然性。而本书第2章则是从相对论和理论物理中寻找时间的意义，为物理学和生物学的融合作铺垫。

第3章描述了一种物质系统演化的泛用模型。在解决了时间的问题后，我们将时间流逝造成的结果泛化到了一般性的物质系统中。目前，描述物质系统的科学正处于一个快速发展的过渡期，从牛顿时代静态的、无限还原的物质模型，向动态的、有限层次的物质模型发展。同时，综合了系统科学和理论物理中的一些新兴观点，描述了一种能适用于普通物质、生命和智能的系统模型。

第4章讨论了生命的演化过程。生命是一种特殊的物质系统，它是逆熵增的且会发生自组织。为了更好地描述生命系统，我们在第3章物质系统模型的基础上，建构了一种能够适用于一般性自组织现象的"隧穿通道模型"，并将之运用到生命演化的问题上，讨论了个体、群体，以及种群进化的问题。能够解释克隆、再生医疗技术的瓶颈，为一些传统进化论不能解释的演化问题打上补丁。

第5章讨论了智能的演化过程。智能系统是较高等生命系统内部的一个子系统结构，因此智能系统的演化，实质上是为了更好地服务于生命。我们将"隧穿通道模型"进一步拓展，运用到智能系统中，描述了物种、个人，以及文化知识的演化和发展过程。最后还阐述了智能系统运行的具体原理、人工智能的现状；展望了未来，提出了使人工智能逼近人类、超越人类的发展路径。

作为辅助，一些比较关键的名词也已经作好了脚注，以便不太熟悉这些领域的读者能在阅读的过程中理解，减少歧义。

最后，但愿本书能为您带来一些启发。

曾晓先

上海市　安亭镇

2022年6月

目　录

第1章　认知的边界 ... 1

第2章　时间与对称 ... 3
2.1　主观与客观的时间 ... 3
2.2　相对论与时间膨胀公式 ... 6
2.3　对称性原理 ... 15
2.3.1　对称性破缺 ... 16
2.3.2　时间与对称性破缺 ... 20
2.4　时间膨胀与有关客体集 ... 21
2.5　时空脱耦 ... 22
2.5.1　宇宙膨胀造成的时空脱耦 ... 22
2.5.2　黑洞生长造成的时空脱耦 ... 26
2.5.3　电磁作用与时空脱耦 ... 29
2.6　时间流逝与时空对称化 ... 33
2.7　时间之于科学 ... 35

第3章　存在与演化 ... 37
3.1　时间流逝与物质存在 ... 38
3.2　基于耗散理论的系统观 ... 39
3.2.1　低熵系统的存在原理 ... 39
3.2.2　物质系统与时空脱耦的普遍联系 ... 43
3.3　宏观系统的建构 ... 48
3.3.1　宏观系统的内部构成 ... 48
3.3.2　微观结构的宏观化建构 ... 51
3.4　系统演化的临界问题 ... 53
3.4.1　临界相变与对称性破缺 ... 54

  3.4.2　规范临界 ········· 56
  3.4.3　尺度变换与对称性破缺 ········· 56
 3.5　系统的演化与运动模型 ········· 61
 3.6　系统的生长与衰亡 ········· 64
  3.6.1　系统生长范式模型 ········· 64
  3.6.2　系统生长的结果 ········· 71
  3.6.3　系统生长的极限 ········· 73

第4章　组织与生命

 4.1　自组织的发生 ········· 74
  4.1.1　自组织的存在基础 ········· 75
  4.1.2　自组织过程的发生条件 ········· 77
  4.1.3　自组织的正反馈机制 ········· 81
 4.2　生命的特殊性 ········· 82
 4.3　系统论的生命观 ········· 83
  4.3.1　生命系统的存在基础 ········· 83
  4.3.2　生命系统的演化 ········· 85
 4.4　生命个体的存在与演化 ········· 86
  4.4.1　生命个体的演化阶段 ········· 87
  4.4.2　生命系统的信息问题 ········· 92
  4.4.3　环境信息的沉淀机制 ········· 93
  4.4.4　结构的规范原理 ········· 95
  4.4.5　生命个体演化综述 ········· 98
 4.5　生命群体的演化原理 ········· 101
  4.5.1　群体演化的逻辑斯谛方程 ········· 102
  4.5.2　人群演化的特殊情况 ········· 103
 4.6　生命的进化 ········· 104
  4.6.1　种群发展与进化 ········· 107
  4.6.2　生态振荡与进化的量化范式 ········· 108
  4.6.3　大灭绝与进化 ········· 110
 4.7　生命的演化问题综述 ········· 112

第5章　智能与知识

 5.1　智能的研究简史 ········· 113
 5.2　生命对智能的需求 ········· 116

5.3	智能的组成与功能	118
5.4	人类智能的三重建构	120
5.5	感性能力的基本性质	122
	5.5.1 感性能力的存在基础	123
	5.5.2 个体感性建构与神经发育	125
	5.5.3 感性能力的进化	129
	5.5.4 感性与理性的分野	133
5.6	理性的建构原理	134
	5.6.1 心理时间对感性的统合	136
	5.6.2 抽象与再抽象	138
5.7	单体智能的演化	139
5.8	知识的建构原理	140
5.9	智能演化综述	142
5.10	人类智能框架	144
	5.10.1 感知映射	144
	5.10.2 情绪偏好	149
	5.10.3 认知效应	150
	5.10.4 理性与思维	157
	5.10.5 学习	158
	5.10.6 关于智力	160
5.11	人工智能的现状与展望	162
	5.11.1 人工神经网络	162
	5.11.2 人工神经网络的发展瓶颈	165
	5.11.3 通向强人工智能之路	167

参考文献 168

后记 171

第 1 章　认知的边界

每当问及人之终极本质,总会觉得是一个超级难题。

有人说语言最重要,会讲话的就是人;也有人说自由意志最重要,麻木的灵魂枉度此生①;有人信仰物质主义②,认为身体器官是一切的基础;还有人认为"缸中之脑"③也算是人。

笛卡儿的"我思故我在"概括得更好,最狭义的人就是思维和意识。

尽管得到了一个答案,却还是有一种管中窥豹的感觉,远远不能解开心中的困惑与迷茫。思维与意识好像就是一切,又好像什么也不是。理念可以用来证明一切,却无法证明自身的实在性。既然人是意识,那意识又是什么呢?

跌跌撞撞了一百多年,人们终于发现了承载意识的基础,也就是感性和直观。如果把智能看成一座灯塔,那么理性思维就是塔顶最闪耀的光芒,却也掩盖了由感性和直观组成的庞大塔体。没有情绪、欲望、感觉、记忆,也就没有理性的土壤与空间。它们为空洞的音节注入了意义,才能摇身一变,成就逐鹿星辰的华丽辞藻。

理性思维令人赞叹,却更像是感性功能之间的相互博弈罢了[1]。

人类的好奇心堪比黑洞,此刻它又在追问,感性从何而来?

哲学家康德创造了"先验"概念,解释了这些基础能力的起源。

他的先验哲学构筑了一种通用范式④,将经验形成与作用中发生的一切过程归结于一种天生的,生而有之、可以脱离感官印象而独立自存的知识[2]。也正因如此,先验得出的综合判断就是放之四海而皆准的真理。

先验理论经历了数百年的实践检验,有它可取的一面。人类群体中确实存在某种基础且通用的能力。人和人总结经验的方法高度一致,看到的云彩模样相同,知识才有了交流和传递的可能。但是,先验理论的局限性也同样暴露无遗,是不能让人完全满意的。它没有充分地统合人与自然的关系,将认识自然的人类和被人类认识的自然对立了起来。而生活的经验却告诉我们,自然环境中的客观对象会

---

① "有的人活着,他已经死了。"——臧克家
② 指费尔巴哈,形而上学唯物主义。
③ "缸中之脑"是希拉里·普特南的假想,一个人被科学家施行了手术,大脑被从身体上切了下来,放进一个盛有维持脑存活营养液的缸中。大脑的神经末梢连接在计算机上,使他保持一切完全正常的幻觉。
④ 范式指理论体系、框架。

随着人的实践和行为不断发生变化,即实践改变环境和人的自我改变一致。

马克思很快就在哲学理论上实现了精神与物质的重新统一,现代科学也高度支持他的结论。根据发展心理学研究,康德描述的那种严格意义上的先天知识并不存在。婴儿的大脑不具备有效的组织结构,没有完备的视觉和听觉。无论是感性还是直观都有一个演化和发展的过程,都是在时间的推动下自发建构的,只不过建构的结果在不同的人身上出现了一定的共性。

两个新的问题也由此产生。

既然感性不是先天的,那实践又是通过何种方法塑造感性的呢?同时,感性和直观失去了神圣性,这也意味着它们不再可靠,人们逐渐意识到感性直观对于真实世界的感知存在局限性。牛顿依据直观提出的绝对时空在极端情况下被证明为错误。而爱因斯坦的相对时空则很难通过感性和直观去理解和认识,毕竟人类的生理结构决定了大脑和神经不可能随着高速运动的物体一起,产生时空尺度上的收缩。

与日常生活的尺度差别越大,感性和直观就越容易出现错误。然而,科学技术仍在进步,认知边界仍在拓展,远远超过了人类肉体进化的速度。感性不再可靠,而它却是人们认识世界的唯一工具了。好在,乐观主义马上点明了出路,当我们提出一个问题时,解决它的工具也已经出现。既然感性在实践中形成,那么它也一定符合物质存在的普遍原理。

我们将从物质存在的普遍科学规律出发,将范式泛化到生命,最后探讨人类、智能和感性的意义,争取将真理的面纱再揭一层。

第 2 章 时间与对称

时间会创造一切;时间会检验一切;时间会改变一切;时间会毁灭一切。

宇宙中几乎每个角落都有时间,这使它成了最普适的概念,甚至有可能成为打开终极秘密的钥匙。

在宇宙创生的那一刻,物质是均匀的;在宇宙终结的那一刻,物质也是均匀的。宇宙创生时,物质不分彼此;宇宙终结时,物质绝对孤立。物质在起点与终点的区别,就是时间流逝造成的效应。而两个端点之间的时空属于百花齐放、多彩缤纷的物质存在。

近代以来,对时间的研究主要聚焦于同步性问题和可逆性问题。其中,同步性问题指的是怎样定义同时,又如何统计时间。经历了牛顿和爱因斯坦两位科学家的论证,我们对时空的认识从客观的绝对时空和严格的同时性,转变为将时空当成物质广延且与运动坐标系绑定。

至于可逆性问题,讨论的是时间流逝是否会产生某种效应。这一领域的争论延续了数千年。而当今掌握主流话语权的物理学家,倾向于将时间流逝当作某种幻觉,认为时间是可逆的。这样一来,作用和力就可作为决定运动的唯一因素。然而,生物学、热力学还有日常的生活经验却告诉我们,时间流逝会带来某种本质性的变化。

无论你身在何处,时间的单向流动都会是你每分每秒的切身感受。生物不停地进化,破镜难以重圆,人类也不能返老还童。将时间定义为虚无,不仅在情感上无法接受,在科学上的也是武断和任性的。

本章以相对论作为出发点,基于物理学核心思想和对称守恒律来讨论时间流逝的客观意义。通过论证前后两个时刻的本质性区别来说明时间是什么、时间为什么不可逆以及时间流逝对整个宇宙物质关系的影响。

2.1 主观与客观的时间

时间流逝会对宇宙产生显而易见的影响,同样也是人类最重要的感性体验。生命的绵延离不开时间,主观时间停止的那一刻也意味着永恒的死亡。时间感并非人类独有,而是在自然界中广泛存在的,但凡形成了知觉的生命,就能准确区分事件发生的先后顺序。

哲学对于时间的研究已经有数千年的积累了，得出的结论也成为整个体系的重要根基。没有时间，事物就无法变化，如果时间没有意义，那么人类的历史、思想也注定是虚无的。

诺贝尔奖得主[①]、大哲学家柏格森，曾与最具代表性的科学家爱因斯坦展开过一场关于时间本质的世纪争论。

当时正值1922年的春天，第一次世界大战的乌云正从欧洲的上空缓缓消散。爱因斯坦决定接受郎之万[②]的邀请，前往法国演讲，旨在改善德国和法国学界之间的关系。

按照最初的计划，这本该是一场亲切友好的学术交流，后来却完全变了样。两位学者代表各自的领域，表达两种针锋相对且不可调和的时间理解方式。

爱因斯坦首先陈述了他对于时间的观点。在那个年代，哲学仍是一切学科的翘楚，他们定义了生活中所有重要的概念。在时间问题的研究上，他们普遍认为爱因斯坦提出的时间理论是片面的，其中有价值的部分则应当被纳入传统哲学观。

伯格森代表哲学界进行了约半个小时的演讲。他直接否认了爱因斯坦工作的必要性，并说："爱因斯坦先生，我们比你自己更像爱因斯坦。"这无疑触及了爱因斯坦的底线，于是他说了一句语气轻蔑但广为人知的话："哲学家的时间并不存在。"自此，这场争论被彻底引爆，贯穿了两位顶尖学者的一生。

会晤过后，余波即刻便冲击了整个知识界。迫于巨大的舆论压力，诺贝尔奖评审委员会将爱因斯坦的授奖理由改为光电效应而非相对论。伯格森还通过其个人影响力，促成了迈克尔逊-莫雷实验[③]，却意想不到地成就了相对论的首次实验验证。

辩论余波的持续之久历史罕见，还间接地造成了哲学与物理在基本思想上的对立，进而演变为20世纪知识界大分裂和文科与理科之间难以抹平的巨大鸿沟。[3]

回到爱因斯坦和伯格森讨论的内容本身，其核心思想主要有三点，包括时间究竟是什么、相对论是否正确以及数学能否有效地标度时间。

正如爱因斯坦时常指责量子力学不完备那样。在柏格森看来，爱因斯坦的相对论对于时间的解释也不够完善。相对论描述的对象是物理学时间，它诠释并量

---

① 伯格森于1928年被授予诺贝尔文学奖。
② 郎之万，法国物理学家，主要贡献有朗之万动力学及朗之万方程。
③ 1887年由迈克尔逊和莫雷在美国克利夫兰做的，用迈克尔逊干涉仪测量两垂直光的光速差值的一项著名的物理实验。结果证明光速在不同惯性系和不同方向上都是相同的，即光速不变性。

化了时间的同步性问题,也就是事件与事件之间的顺序关系。

但伯格森认为,同步性问题只是人类主观时间感受中的一小部分。时间还有另一种不可忽视的作用,它称为进化的冲动。我们所生活的世界是一个不断进化的世界,有着持续不断的可能性。

生命和人类在时间的长河中不断地变得更复杂,过去的事情不能重来,每天都不一样。对时间的解释,不仅需要包括对事件发生顺序的考量,还应当具备一种演化上的推动力和不可逆性,以支撑生命的绵延。

转眼间,一百年过去了。物理学界仍然没有能力解决伯格森提出的问题。

整个物理学最底层的核心思想,是有关物质运动的那些普适的对应关系。在实现变化的过程中,时间只是一种交换媒介,用于实现可逆的力学过程,而不具备本体性和客观的意义。如果要兼容时间的不可逆性,就必须改动整个体系的理论基础,这就好比是重建一栋楼房底层的承重墙。

从哲学家的角度来看,无论是牛顿还是爱因斯坦,都是所谓的还原论[1]者。他们普遍继承了笛卡儿和康德的思想,认为理性终能解释一切。最终目标是找到世间最本质的规律,即真理。

爱因斯坦本人更是将时间的不可逆性和对心理时长的感受差异,统统视作人类的某种幻觉[2]。他否认这些现象具有某种客观意义,只是思维意义上的抽象概念,因此也不具备解释的意义和价值。

伯格森也很直接,他将爱因斯坦称为笛卡儿的继承人,即理性至上者。这在哲学家的世界中,无疑是带有贬义的。自笛卡儿过世之后,哲学家就从未停止对他的批判。现代主义和后现代主义哲学更是以反理性著称。他们认为,绝对理性是对人的异化,想用数学度量世界是根本不可能的。然而,事实胜于雄辩,单就理论本身的正确性,相对论无疑取得了巨大的成功。

在这一百多年的岁月里,大量实验的数据均验证了爱因斯坦科学预言的正确性。其中,最著名的是对水星近日点进动[3]的解释和对钟慢效应[4]的证明。

爱因斯坦的相对论是一套违反直观的理论,具有相当高的理解门槛。但在铁的事实面前,它还是得到了世界人民广泛的认可,甚至被转化成某种科学的象征符号。而伯格森对客观时间的错误认识和盲目批评,也成了他学术履历中巨大的糟点[5],在科技与资本的信徒中沦为某种大反派角色。

对于整个社会的发展而言,带有"火药"味的交流也未必是坏事。两人的争论

---

[1] 一种哲学思想,认为复杂的系统、事物、现象可以将其化解为各部分的组合来加以理解和描述。
[2] 康德亦否认时间的客观性。——《纯粹理性批判》
[3] 水星近日点进动的观测值比根据牛顿定律算得的理论值每世纪快38″,与相对论的理论值相符。
[4] 高速运动的状态下,两个完全相同的时钟,拿着钟的人会发现另一个钟比自己的走得慢。
[5] 糟点是指时常被人调侃的负面故事。

也留下了一些重要的共识性结论,即人们所经历的心理时间,与时钟所测的物理时间是不太一样的。爱因斯坦本人同样认可这一点。他还举了一个有趣的例子,"当你问父亲伸手要钱,十分钟很长;当你和女朋友牵手游玩,十分钟太短。"

在这场时间诠释大战的背后,不仅是针对一个具体概念的解释和定义,还包括了物理与哲学、可逆与不可逆、同质化与差异化、理性与反理性、决定论①与不可知论②、机械论③与唯灵论④,是两组相悖的知识体系间的最高论战和彻底决裂。

综合来看,伯格森及其背后的哲学体系,在时间问题上有着更长久、更全面的思考。但在触及实践和现实世界的部分时却不具备有效的解释力。爱因斯坦和现代科学,虽然在框架上比较局限,但具有更强的现实意义,能够解释一些具体问题。从实用性的角度出发,爱因斯坦的理论无疑是我们加深对时间理解的最好起点。

2.2　相对论与时间膨胀公式

对时间的讨论是爱因斯坦的相对论中最重要的部分之一。而创作这项理论的动机,也正是为了解释光速不变原理。

当时的人们认为,宇宙中弥漫着一种被称为以太的物质。以太是光的传播介质,而光则像声波那样,在以太和绝对时空中以一种本体性的、不变的速度运动。如果这一理论成立,那么在地球自转的影响下,赤道和北极测得的光速数值应该会略有不同。然而,物理学实验⑤的结果却表明,不论在地球上哪个位置,以什么运动速度,测得的光速数值均相同,明显与以太理论的预言相悖。这是当时科学界所谓的物理学的"两朵乌云"之一。该领域研究的先驱者是大科学家洛伦兹,他得出了两个推论,为相对论作出了铺垫性的贡献。

第一,无论向任意方向加速,均不会影响光的相对速度。

第二,对于观察者而言,光速就是宇宙中物质相对运动速度的极限。

进一步推演,就得到了洛伦兹方程组,用于实现两个坐标系之间的张量变换,即

$$x' = \frac{x - vt}{\sqrt{1 - \dfrac{v^2}{c^2}}}, y' = y, z' = z \qquad (2\text{-}1)$$

---

① 决定论又称拉普拉斯信条,是一种认为自然界和人类社会普遍存在客观规律和因果相关性的理论和学说。

② 不可知论由英国生物学家赫胥黎提出,是一种哲学的认识论,认为除了感觉或现象,世界本身是无法认识的。

③ 机械论把物质归结为自然科学意义上的原子,认为原子是世界的本原,原子的属性就是物质的属性,因而具有机械性、形而上学性。

④ 唯灵论主张精神是世界的本原,它是不依附于物质而独立存在的、特殊的无形实体。

⑤ 迈克尔逊-莫雷实验。

$$t' = \frac{t - \frac{v}{c^2}x}{\sqrt{1 - \frac{v^2}{c^2}}} \quad (2-2)$$

应用洛伦兹方程组,需要先将 A、B 两个质点相连,在三维空间构成一条直线。如果是单纯的二体问题,那么只需计算 x 轴的变换即可,y、z 轴保持不变。

式(2-1)和式(2-2)的分母,$(1 - v^2/c^2)^{\frac{1}{2}}$ 是洛伦兹变换的核心,它能够伴随速度增加的过程不断变小,使得分母向 O 收敛,对分子的变换效果也越明显。

具体来看,式(2-1)中的分子项 x 表示变换前的初始坐标,vt 表示变换前的坐标位移量。通过变换分母,得到了位移后经过变换的新坐标 x'。

而式(2-2)则是用来衡量 A、B 两个坐标系的时间变换。其中,分子 t 项表示变换前经历的时间,而 t' 则是变换后经历的时间。

基于洛伦兹方程组,爱因斯坦推导出了同向速度相加定理:

$$\omega = \frac{v + \omega'}{1 + \frac{v\omega'}{c^2}} \quad (2-3)$$

式中:ω 为 A 与 B 之间的相对速度;ω' 为收缩之前的速度增加值。

根据式(2-3),两个速度相加,所得的速度会小于他们之间的数量和,并且收敛于光速[4]。

相对论和洛伦兹变换是比较难理解的,我们引入一个例子来说明这个问题。假如有三个小球 A、B、C。其中 A 与 B 的相对速度是 $0.9c$,C 与 B 的相对速度也是 $0.9c$,那么根据相对论中的速度叠加定律,C 与 A 的相对速度大约是 $0.9945c$①,如图 2-1 所示。

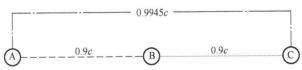

图 2-1 洛伦兹叠加示意图

根据公式,速度的叠加是没有上限的,这也意味着时间膨胀产生的标度变化会越来越剧烈。将式(2-2)中表达已有量和变化量的分子简化,便能得到不同坐标系之间的时间膨胀公式,即

---

① $1c$ 指一倍光速。

$$\begin{cases} T = \dfrac{1}{\sqrt{1-\dfrac{v^2}{c^2}}} \\ T = \dfrac{t}{t'} \\ \dfrac{t}{t'} = \dfrac{\sqrt{1-\dfrac{v^2}{c^2}}}{1-\dfrac{v^2}{c^2}} = \dfrac{1}{\sqrt{1-\dfrac{v^2}{c^2}}} \end{cases} \quad (2\text{-}4)$$

式(2-4)可以直接衡量时间流动速度的差别。假如观察者想要计算某个客体的时间流逝速度，那么将相对运动的速度代入公式，即可得出二者之间的时间膨胀倍率。

时间膨胀倍率会随着速度增加出现梯度爆炸①，让相对速度永远无法被加速至光速，如图2-2所示。

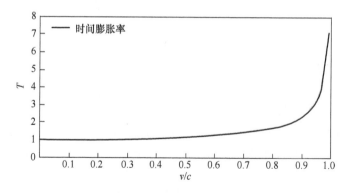

图2-2　时间膨胀率示意图

当相对速度接近光速时，加速产生的相对速度将大打折扣，同时造成时间膨胀倍率进一步变大。如果以客体的时间流逝来计量它自身的运动，那么双方远离彼此的速度可以增至无穷。

假如有一个以0.9945c的相对速度远离观察者的客体，那么客体自身的时间过去1年，观察者与客体之间的距离将达到9.5光年。

根据对称性原理推断，时间膨胀产生的效果是相互的。如果将客体转变为观察者，那么从他的视角来看，同样也会觉得出发点的时间流逝非常迟缓，明明他都

---

① 梯度爆炸指函数的变化率趋于无穷。

跑了 9.5 年,出发点才过去了 1 年,由此便引出了著名的双生子佯谬①。

这一悖论描述了一个从分离到回归的过程。假如有一对双胞胎,起初都在出发点 O,有着一样的年龄和相同的时间流逝速度。然后哥哥开始加速,最终以 $0.9c$ 的速度飞向太空。此时,双方的时空膨胀倍率均为 2.3 倍左右,即弟弟老去 23 岁,他会觉得哥哥只老去 10 岁。而站在哥哥的角度来看,当他老去 23 岁,也会觉得弟弟只老去 10 岁。这就引出一个很荒诞的问题,当他们再次相遇时,究竟谁的年龄比较大呢?

爱因斯坦没有通过数理逻辑来解释这个问题,只是定性地认为,加速过程将会是时间收缩的关键。

如果哥哥保持 $0.9c$ 的速度向外飞行 11.5 年,再以相同的速度回到出发点 O,那么他终将比弟弟年轻 30 岁。因为在哥哥向回飞的时候,会发现弟弟的时间又变快了。从哥哥的角度来看,自己花了 11.5 年的时间向外运动,飞行了 10.35 光年。当哥哥到达折返点时,他会认为弟弟的真实时间过去了 5 年,由于信息传播需要时间,他会看到 10.35 年前的信息,弟弟只老去半岁。在哥哥观察弟弟时,弟弟的时间流动速度仅为自己的 0.05 倍。而自折返的瞬间起,弟弟的时间流逝会瞬间开始加速,是自己的 4.56 倍。回到原点时,弟弟已经老去 53 岁,而自己的时间只过去了 23 年。

对于弟弟而言,由于尺缩效应的存在,哥哥的飞行距离是 23.74 光年。哥哥会在弟弟时间的 26.38 年到达转折点。信息传递也需要时间,信息将花费 23.74 年回到原点。因此,当弟弟看到哥哥到达转折点时,时间已经过去了 50.12 年。

如果把信息传播造成的迟滞一并考虑,单就观察而言,弟弟会看到哥哥时间流动速度是自己的 23%,比 43% 的实际流动速度更慢。当弟弟看到哥哥抵达转折点时,哥哥只老去了 11.5 岁,但是此时哥哥的真实年龄已经老了 22 岁。弟弟会看到哥哥原地掉头,然后在多普勒效应的作用下以极快的速度运动,仅 2.78 年的时间,哥哥本人就已经回到了出发点。

这段时间,弟弟会发现天空中的哥哥加速变老。2.78 年就从老 11.5 岁的样子变成了老 23 岁的样子。当哥哥回到地球上,弟弟自己的时间已经流逝了 53 年。

在双生子悖论中,会发生事件同时性不一致的问题,这是由于双方体系信息传播的差异导致的,也就是爱因斯坦所说的同时性的相对性。弟弟会认为,自己老去 26.38 岁和哥哥抵达折返点是同时发生的。而哥哥却认为,弟弟老去 5 岁和自己抵达折返点同时发生。在两个体系中,事件同时性出现了差异。弟弟认为同时发生的事情,哥哥不认为同时发生,反之亦然。

---

① 在 1911 年波隆哲学大会上,法国物理学家朗之万用双生子佯谬来质疑狭义相对论的时间膨胀效应。

同时性的相对性不会影响事情的因果关系,该发生的还是会发生。观察者认识结果和观察对象认识结果的偏差,极有可能是物质作用基本规律,甚至可能与这种隔空发生的物理现象有关,本书就不深究了。

　　根据对称性原理,相对的加速过程也可以反过来。出发点的弟弟也可以在哥哥出发后 11.5 年,加速至 $0.9945c$ 向哥哥飞去。当兄弟再见面时,会是弟弟年轻 30 岁。留在出发点的观察者,将会看到弟弟以 $0.0945c$ 的速度追赶哥哥,兄弟俩历经了一百多年才最终相遇,信息又花了一百多年才回到出发点。虽然哥哥老得很慢,但弟弟几乎冻龄了。

　　同样,兄弟之间也可以相互约好,在相同的年龄以相同的速度朝对方加速,这样他们相遇时仍然是同龄。如果要在讨论扭曲的时空场中讨论时间流逝速度的差异,那么在相对距离固定的情况下,就可以忽略信息传播的多普勒效应①。例如,讨论黑洞这些大质量天体与周围行星之间的时间流逝问题。

　　在时间膨胀的背后,蕴含着一个十分深刻的联系,即时间、速度、距离、因果相关性之间的关系。不同物体之间的因果相关性是一个可变量,受两者之间的相对速度和距离的影响。速度越大联系越弱,距离越大关联得延迟越久。相对速度较大的系统,内部作用对对方产生的影响也会同比例地减弱。而距离较远的物体系统,同样的效应则要经历更长的时间才能影响到对方。

　　为了进一步跳出直观时间塑造的思想牢笼,接下来讨论会暂时跳过时间流逝的过程,先对因果相关性与速度的联系展开分析。

　　一个非常极端的情况,能够帮助我们深入理解时间与相关性。

　　少年时代的爱因斯坦,也曾设想过一个问题,"倘若一个人以光速跟着光波跑,那么他就处在一个不随时间改变的波场之中。"这就是同狭义相对论有关的第一个理想实验,这意味着洛伦兹变换的分母为 0 即

$$\lim_{v \to c} \sqrt{1 - \frac{v^2}{c^2}} = 0 \tag{2-5}$$

　　将式(2-5)代入洛伦兹变换的式(2-1)和式(2-4)中,做时间膨胀率和位移的张量变换,会得到无穷大量,即

$$\begin{cases} \lim\limits_{v \to c} T = \infty \\ \lim\limits_{v \to c} \left| \dfrac{vt}{\sqrt{1 - \dfrac{v^2}{c^2}}} \right| = \infty \end{cases} \tag{2-6}$$

---

① 在运动的波源前面,波被压缩,波长变得较短,频率变得较高;当运动在波源后面时,波长变得较长,频率变得较低。波源的速度越高,所产生的效应越大。

2.2 相对论与时间膨胀公式

当相对速度到达光速时,时间和空间的概念将彻底失去意义。也就是说,常规宇宙中的人无论做什么,都无法对不变光场中的人产生影响。过去与现在都是一瞬,毫米与光年均在一点,一切过程都将变得毫无意义。不变光场中发生的事,同样与常规宇宙无关。

这种相对静止还意味着,双方的内部作用均对于对方守恒,对方体系内发生的任何事情都是等价对称的。系统内部的任何变换都与对方没有关系。

从爱因斯坦那个时代的眼光来看,我们和不变光场是注定不可能产生联系的[①]。无论一个人奔跑得多快,也不可能追上已然逝去的光。因此他又在传记中补充"但看来不会有这样的事情"。

以光为代表的光速物质拥有一种独特的性质,即可以在不同坐标系中保持不变。当我们观察一个光子,会发现它的体积无限小。光的速度、状态不因测量者的状态变化而发生改变。

参照量子力学中矢量叠加的方法[5],不变光场中物质的坐标系,可以看作与常规宇宙的物质坐标系正交。因此,光子的时间轴和观察者的时间轴以及各自历史中发生的事件,对于对方体系拥有时间反演对称性。即观察者的时间矢量 t 与光子的时间矢量 t' 之积为0:

$$t \times t' = 0 \tag{2-7}$$

在过往的物理理论中,时间通常被视作一个标量。而时间矢量的新概念其实包含了传统物理理论中时间和相对速度的双重意义。作者将速度设为时间矢量的交角,而光速等于 $\frac{\pi}{2}$。

相对速度与矢量交角的转化办法,首先将光速设为 c,然后使相对速度与光速的比值等于矢量交角的正弦函数。

令

$$v = c\sin\alpha \tag{2-8}$$

最终会形成一个转换系数的阵列。

光速意味着 α 角取 $\pi/2$,即 90°时,$v = c\sin 90°$,$v = c$。同时,两个交角为 90°的矢量,叉乘为 0,属于正交关系。

如图 2-3 所示,相对速度增加的过程,也可以理解为对方坐标系的时间矢量向垂直方向偏移的过程。矢量的长度可以用来表示时间流逝的多寡。经过角度变化就可以得到另一个时间矢量的平行分量。初始长度与平行分量长度的比值就是一个坐标系对于另一个坐标系的时间膨胀倍率,即

---

① 速度极快时,大部分动能将会转化为质量,而常规物质不可能被加速至光速。

$$T = \frac{1}{\cos\alpha} \tag{2-9}$$

例如,角 α 取 60°,可以得到相对速度 $v = (\sqrt{3}/2)c$,而时间膨胀倍率 $T = 1/\cos 60° = 2$。

将 $(\sqrt{3}/2)c$ 代入式(2-4),得到的答案也是相同的,即 $T = 2$。

时间矢量的定义和变换,完全基于相对论理论和洛伦兹叠加,两者在计算上不存在冲突,甚至是一种更加简单高效的运算办法,如图 2-3 所示。

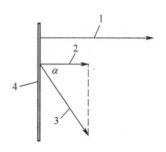

图 2-3 时间矢量示意图
1—观察者坐标系时间矢量;2—对象时间矢量的被观察量;
3—对象坐标系时间矢量;4—光速坐标系的正交时间轴。

但时间矢量也有一些局限性,不能完全替代洛伦兹变换。时间矢量坐标系不能像普通坐标系那样做角度叠加,而是要用洛伦兹变换做交角压缩。例如,在观察者 A 看来,B 的运动速度是 $0.9c$,C 的运动速度是 $0.9945c$,如果要做变换,就要使坐标轴转动,令 B 成为观察者,那么 A 和 C 的运动速度就都是 $0.9c$。

具体的实现方法是将式(2-3)的左右两侧同除以一个 c,即
根据

$$\frac{\omega}{c} = \frac{\frac{v}{c} + \frac{\omega'}{c}}{1 + \frac{v\omega'}{c^2}}$$

得

$$\sin\gamma = \frac{\sin\alpha + \sin\beta}{1 + \sin\alpha\sin\beta} \tag{2-10}$$

三角函数形式的洛伦兹变换,同样可以使不变光场的时间矢量与常规宇宙中所有角度的时间矢量正交,即

$$\sin\frac{\pi}{2} = \frac{\sin\frac{\pi}{2} + \sin x}{1 + \sin\frac{\pi}{2}\sin x} \quad \left(x \in \left(-\frac{\pi}{2}, \frac{\pi}{2}\right]^{①}\right) \quad (2\text{-}11)$$

通过两个坐标系时间矢量的交角和长度,即可得出它们在对应时刻的坐标和相对距离。

时间矢量提供了一种方法,能够在不需要空间坐标和速度概念的情况下表达坐标系统的相对运动状态和坐标。是一种比较贴合爱因斯坦"并不是物体存在于空间中,而是这些物体具有空间广延性"这一观点的数学方法。这样一来,物体只需时间矢量一项特征,不同物体具体的空间坐标和相对速度都可以由时间矢量推导得出。与空间和速度不具备真实性、也不能独立存在的观点呼应。

在本书的讨论中,仅将时间矢量视作一个平面矢量,但延展这套方法后可以实现的功能是比较多的。如果遇到多体问题的具体运算,也可以将二维平面叠加在三维空间之上,用时间矢量的三维空间来表达速度的具体方向,这样就不需要速度的矢量概念了。让两个完全相反的时间矢量叠加,物质系统会立刻就地湮灭并向四周空间释放辐射,可以用来表达正反物质相遇的情况。

尽管我们不可能以光速旅行,但是生活中的每时每刻都在和光发生关系。当浪漫的幻想走进现实,形形色色的悖论带来了颠覆性的思想冲击,甚至有些许"恐怖"。

根据物理实验的结果,光子和常规宇宙发生关联,事件的因果顺序通常是跨越时空的,其属于量子纠缠②效应的一种。

常规宇宙的时序对光子而言毫无意义。我们的前一秒和后一秒对于光子而言也完全一样。从光子的坐标系来看,常规宇宙是一个体积无限小的点,横穿整个宇宙只需一个瞬间。

爱因斯坦的同事约翰·惠勒,设计了量子延迟选择实验,并在5年后的1984年,由另一位教授进行实验操作。在这一实验中,由观察操作引发的变化能够影响观察之前就已经发生的结果。

如图2-4所示,光是一种横波③。自然界中的光束,不仅会沿直线向前传播,还会在一个圆截面内朝着各个方向来回振动,最终向前扫过一个圆锥形的空间范围。通过人工的手段,我们可以筛选出只在特定方向振动的光,形成偏振光,偏振

---

① 即正负90°区间,由于-90°会导致洛伦兹变换的分母归0,因此不能取-90°,即光速与反向光速叠加。
② EPR佯谬,两个具有某种不可分性的量子,其纠缠作用是超距的。
③ 横波的特点是质点的振动方向与波的传播方向垂直。

光向前运动会扫过一个扇形的平面。三维空间中的圆锥体即自然光,三维空间中的扇面即偏振光。

图 2-4　自然光与偏振光示意图
1—自然光的传播;2—偏振光的传播。

不同角度的偏振光之间,还可以通过偏振分束器来做矢量合成与拆解。根据这一特性,我们可以实现单光子路径选择实验,同样表明常规宇宙的时序对光子没有意义,如图 2-5 所示。

这个实验一共分为五步:

第一步,让光逐个通过 45°偏振分束器,转变为 45°偏振光;

第二步,让 45°偏振光通过 0°偏振分束器,由于 45°偏振光可以看成 90°光和 0°光的矢量积①,因此 45°光将转变为 0°偏振光和 90°偏振光两条光路;

第三步,通过两个光子探测器分别同时观察 0°和 90°两条光路,根据量子力学原理②,被探测的光会从具有不确定性的波函数坍塌为确定的粒子;

第四步,通过两面反射镜,将两条光路重新合成至一条;

第五步,让合成的光通过 45°偏振分束器,最后一部分光通过了 45°偏振片,另一部分被弹走。

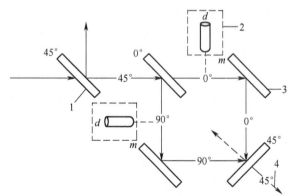

图 2-5　单光子路径选择实验示意图
1—偏振片;2—探测器;3—反射镜;4—光路。

---

① 矢量积与点积不同,运算结果是一个矢量而不是一个标量。

② 不确定性原理是指你不可能同时知道一个粒子的位置和它的速度,即粒子位置具有不确定性;观察者效应是指你不可能在探测一个粒子时不与它发生任何联系。

在实验的第三步中,使用两个探测器观察光路造成的光子化,能为时间问题的研究提供关键性的启发。

假如观察者的时间流逝会对光产生影响,那么在实验的第二步,45°偏振光经过0°偏振片时,光作为波函数,就应该分成90°和0°两束,然后通过反射镜,重新合成为45°偏振光,最后全部通过45°偏振片,不产生反射光。

如果去掉实验的第三步,不设探测器,那么也确实支持这一结果。然而在实验中,我们放置了两个探测器又去观察光路,就必定只能从某一条光路中检测到一个光子。说明在实验的第二步,光束经过0°偏振分束器时就已经从波函数坍塌为粒子了,因此没有分割为两束不同频率的光波,而是以1/2的概率选择0°或90°光路。这就出现了一个时序上的因果悖论。

第二步0°偏振片对具有空间对称性的光波函数的分割在前,第三步探测器使波函数坍塌在后。假如分割成立,那么单个光子就可以被一分为二,两个探测器可以同时看到同一个光子。假如分割不成立,光子确实是选择两条路径中的一条通过,那么后发生的事情就会影响先发生的事情,即未来可以影响过去。

根据实验观察的结果,第五步单光子束被45°偏振片再次分割,也就说明了第三步中探测器对两条光路观察阻止了第二步中0°偏振片对45°偏振光的分割[6]。

虽然爱因斯坦本人对延迟选择实验的结果预测存在失误,但并不妨碍这个实验成为理解不变光场的绝好例子。观察者和光子的时间矢量正交,因此它们之间发生的因果关系是不需要考虑时间效应的。

在单光子路径选择实验中,无论是先观察光,还是后观察光,光波都会坍塌为粒子,选择其中一条路径通过。对于光子而言,观察者的操作无须讨论先后,总是在同一个时刻发生。

其他例子还包括量子延迟擦除实验和量子纠缠的超距效应等,以光速运动的量子并不关心常规宇宙的时间与距离,我们所看到的任何事物,从量子的视角来看,都被压缩在一个无穷织密的奇点中,是不分彼此的。

2.3 对称性原理

理论物理中的大部分原理和方程的本质,是根据各种各样对称性规律做理论搭建的。根据诺特定理①,每种对称性都能用来实现一组等效变换,也就意味着一个守恒量。像是牛顿力学中,不同方向的运动规律具有对称性,可以通过做功来实现等效变换,也带来了机械能守恒的概念[7]。

---

① 诺特定理是理论物理的中心结果之一,基于作用量原理的物理定律成立,得名于数学家埃米·诺特。

光拥有最完美的对称性,比所有带质量的物质都要对称。它拥有在不同坐标系中保持不变的特性,是有质量物质所不具备的。

在量子力学中,自然界的基础对称性被总结为 CPT 定理,即宇称对称、电荷正负共轭对称以及时间反演对称三种对称守恒定理。理论物理学家将之奉为圭臬,并衍生出了信息守恒等次级守恒定律。量子力学理论的精妙之处,正是根据不同的对称性原理制定了厄米算符,即

$$A = A^{\dagger} \tag{2-12}$$

其中,伴随算符 $A^{\dagger}$ 表达的意思是矢量 A 的共轭转置。举个例子,假如 A 的含义是一个向前 10m/s 的速度,那么方向的共轭转置 $A^{\dagger}$ 的含义就是把速度的方向转变为向后。同时,基于对称性原理构建厄米算符还具有转置守恒的特质,也就是说 A 和 $A^{\dagger}$ 在数值上是相等的,即

$$A^{\dagger}A = 1$$

把 A 转过来即是 $A^{\dagger}$:

$$A^{-1} = A^{\dagger}$$

这种特性被称为幺正性①,满足幺正性的算符就是幺正算符。动能和重力势能就能构筑一对厄米算符。1000J 的重力势能,通过共轭转置变成了动能,数值仍为 1000J。

在具体的数值计算中,需要引入一种能够同时表达矢量和积分的算子,即哈密顿量②。这种算子能在具有幺正性的厄米算符中做代换,于是就得到了量子力学的普遍形式。

如动能的哈密顿量 H,通过一个厄米算符 S 做代换,即

$$H' = S^{\dagger}HS \tag{2-13}$$

这也是玻恩-海森伯-约旦制定的量子化规则,即寻找一个合适的坐标系,使哈密顿量在其中取得简单的对角形式。

2.3.1 对称性破缺

在现实生活中,时间流逝造成的不可逆效应可以从对称性的破缺中寻找到蛛丝马迹。尽管物理学提倡对称和守恒,但是时间流逝造成的影响是无法被忽视的,例如放射性物质的自发衰变,镭 226 元素的半衰期是 1600 年,每隔 1600 年元素的含量就会减半。

放射性衰变只和时间流逝有关,没有外界因素的影响不会自发地恢复原样,是一个带有方向性的不可逆过程。放射性衰变的发生原因与物理学中的弱相互作用

---

① 表达物理意义的是统一和等效,故而可以转化。
② 哈密顿量是所有粒子的动能的总和加上与系统相关的粒子的势能。

有关,而弱相互作用的对称性存在破缺。

关于对称性破缺的认识是在建立大统一理论的尝试中逐步积累起来的。虽然大统一理论的名字看上去很宏观,但是其内涵的思想并不复杂,就是根据对称性原理设计一些坐标系,然后再通过杨-米尔斯场或其他形式,在坐标系之间做数值的代换。最终实现不同作用力体系下的能量变换。具体来说,就是依照物理学家杨振宁提出的"对称性支配相互原则",建立物理学的标准模型。

不过很可惜,用现在的眼光来看,这种美妙的数学结构有些过于理想化,很难在实际应用中落地。这是因为体系间的规范对称性有时会失效,在某些场景中可以相互变换的量,到了其他场景就失效了,这种现象也称为对称性破缺。

这一领域的先驱者是最著名的物理学家杨振宁和李政道,他们于1956年提出了弱力的宇称不守恒,并在两年后获得了诺贝尔奖。

在物理中,宇称所表达的含义通俗来讲就是镜面对称性。把一个粒子反过来,如果长得一样,就称为偶宇称;如果长得不一样,就叫作奇宇称。强相互作用中,存在一种名为K介子①的微粒。在K介子衰变的过程中,时而展现出奇宇称,时而又会展现出偶宇称 。这就让人不得不怀疑,K介子是个"变形怪",它一会儿左右对称,翻转后还长一样,一会儿又不对称了。更令人不解的是,这种粒子变形前后的物理性质看上去是完全一样的。

年轻的杨振宁和李政道二人,不惧权威的质疑②,取得了关键性的成功。当时的学界坚持认为宇称守恒,因为宇称不守恒会带来严重后果,它会造成规范对称性③失效,动摇整个物理体系的"地基"。因此,主流物理学家倾向于将这种诡异的变形现象归结于 θ 和 τ 两种不同的基本粒子。杨振宁和李政道二人则提出了宇称不守恒的观点,后续的实验观测也强有力地支撑了他们的想法。

一个于1964年完成的实验可以很好地说明宇称不守恒的问题。当时由杨振宁和李政道成功制造了具有奇宇称的 K_L^0 介子和具有偶宇称的 K_S^0 介子。在实验中,两种介子同时通过一段具有特定长度的管子,偶宇称的 K_S^0 介子衰变速度极快,照理说根本不可能通过这么长的管子,但是在管子的末端却探测到了偶宇称的K介子。这说明在通过管子的过程中,有一部分奇宇称的 K_L^0 介子转变为了偶宇称的 K_S^0,从而直接证明了宇称本身是一个可变量,而非守恒量。

宇称是否守恒,与不同的作用场景有关。在弱力中宇称不是守恒量,镜面转置的两个粒子其弱力作用在数值上不等。然而,在强力和电磁力作用中,宇称又是守

---

① 介子是自旋为整数、重子数为零的强子。
② 曾在论文答辩过程中被沃尔夫冈·泡利直接打断,并质疑,沃尔夫冈·泡利,1945年诺贝尔奖得主,提出泡利不相容原理。
③ 一个理论的拉格朗日量或运动方程在某些变数的变化下的不变性。

恒的,镜面转置不会对这两种力造成影响。随着时间流逝,原子核内部的随机运动将不可避免地发生,对称性的自发破缺加之时间流逝,就会造成一些不可逆的后果。弱力无法决定原子的宇称状态。但是,宇称的改变又会确实地影响弱相互作用。因此,原子核内部的弱相互作用是不稳定的,随机运动会不断地改变弱相互作用的强弱。假如原子核的结构不够稳定,弱相互作用的变化就随时有可能导致其坍塌,进而造成放射性衰变。

1957年,吴健雄女士成功地观察了向左和向右两种自旋方向不同的钴60。证实了在它β衰变的过程中,不同方向发射的电子数量不同。

特定的镜面转置状态能够影响钴60衰变出电子的效率[8]。根据这一观察结果,我们可以基于统计学设计一个猜想模型,来说明规范对称性破缺和时间的关系。

假定自然状态下,钴60元素内部有60个参与作用的微粒,它们有各自的镜面转置状态。先将其设为60个独立状态组成的集合L,即

$$L = \{l_1, l_2, \cdots, l_{60}\} \tag{2-14}$$

一方面,宇称对于主导造成原子核的随机运动的强相互作用而言是守恒的,原子核内的亚原子粒子发生宇称转置不受约束;另一方面,宇称对于弱相互作用不守恒,亚原子粒子的镜面转置会影响到整个原子的自旋放电的效率,并触发放射性衰变。

假设不同的镜面状态L_i,都会对弱力作用产生一个可以在数值上叠加的影响因子LF_i,即$LF_i = f(l_i)$,一旦钴60原子中,60个不同的影响因子之和大于一个确定的衰变阈值$\text{Thr}_{\text{Co-60}}$,钴60就会衰变,即

$$当 \sum_{i=1}^{60} LF_i \geq \text{Thr}_{\text{Co-60}} 时,\text{Co-60} \rightarrow \text{Ni-60} + e^- \tag{2-15}$$

每个影响因子LF_i的取值都是独立的,系统衰变子$\sum_{i=1}^{60} LF_i$出现不同数值的概率,符合正态泊松分布①。而出现式(2-15)的情况,即衰变系数大于阈值的可能性,取决于衰变阈值$\text{Thr}_{\text{Co-60}}$的数值在系统衰变系子$\sum_{i=1}^{60} LF_i$函数形成的分布中出现的概率。

宇称对于主导的原子核的强相互作用守恒,因此衰变子的取值具有随机性和较大自由度,出现某一种特定情况的概率是一个不随时间变化的常数。

那么衰变子突破阈值的概率$P_{\text{Co-60}}$,即

---

① 一种统计与概率学里常见到的离散概率分布,形似反过来的抛物线。

$$P_{\text{Co-60}} = P(\sum_{i=1}^{60} LF_i \geq \text{Thr}_{\text{Co-60}}) \tag{2-16}$$

P 应当是一个常数,与放射性物质的半衰期是常数这一现象相符。如图 2-6 所示,南北自旋的钴 60 衰变速率之所以不一样,是因为南北自旋的钴 60 分别对应两个不同的镜面转置状态 L_s 和 L_n。亚原子粒子状态组形成的衰变子函数,会较自然状态 L 的数值分布出现中轴偏移。

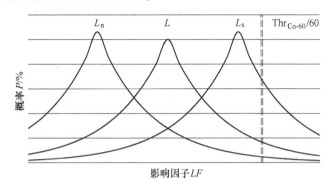

图 2-6 衰变因子概率分布图

两个系统的初始状态有所不同也会影响亚原子粒子的转置概率,产生了不同的衰变子数值分布,衰变出电子的概率也不同。

另外,流逝的时间会不断地改变系统的状态。

假设时间每增加 $t_{\text{Co-60}}$,钴 60 中的 60 个微粒就会转置一次,转置由随机运动引发。而随机运动的强弱则取决于原子核的内部状态,不由宇称状态决定,可以看作一个不随时间变化的量。

由此可以列出钴 60 的半衰期 $\tau_{1/2}\text{Co}$ 与衰变概率 $P_{\text{Co-60}}$ 之间的关系。半衰期①是指衰变 50% 的物质所需的时间。根据转置一次实现衰变的概率,按照概率叠加的方法尝试相应的次数,再与转置一次的平均周期时长 $t_{\text{Co-60}}$ 相乘,就能得到物质的半衰期公式,即

$$\tau_{1/2}\text{Co} = t_{\text{Co-60}} \log_{(1-P_{\text{Co-60}})} 0.5 \tag{2-17}$$

衰变后的产物镍 60 系统与钴 60 系统相比,有比较明显的内部变化。结构变得更加稳定,因此无论如何转置亚原子粒子,也不再能动摇其原子的基本结构,更不可能触发衰变。而一些更不稳定的放射性同位素,则要经历多次衰变才能最终稳定,即

$$\text{U}_{-239} \rightarrow \text{Np}_{-239} +\rightarrow \text{Pu}_{-239}$$

---

① 放射性物质的总量,从 100% 衰变到 50%。

Np$_{-239}$ 比起 U$_{-239}$，其原子核结构更加稳定，衰变阈值发生了变化，半衰期变得更长。假如一个系统的内部出现了对称性破缺，那么它势必随着时间的流逝自发地改变，这个系统是不稳定的，时间流逝导致的变化也不可逆转。对称破缺的作用造成的宏观后果未必在瞬间显现，也不一定在某一个具体的时刻显现。但是随着时间流逝，它的变化方向和速率是明确的，直至系统重新进入对称的稳定状态为止。

2.3.2 时间与对称性破缺

流逝的时间会在两个不对称的状态中做出选择。就像弱力作用中，放射性衰变总是倾向于让原子进入一个不太活跃的状态。从不稳定变得稳定，这也意味着一个不对称的系统变得对称。另外，不对称性的衰变也会导致产生运动的趋势减弱。比如，放射性物质的浓度越高，放射性越强；两个系统的温差越大，换热速度越快；等等。系统由不稳定向稳定发展，也意味着物质产生新运动的趋势总是在减弱，同时还会将一部分质能转变为光。

宇称的对称性破缺打破了 CPT 守恒的猜想。这一理论仅在一些静态、极限的理想情况下才能生效，比如在不同坐标系中保持不变的光，并不是常规物质的普遍情况。

如果要在物理的理论框架中加入时间，就必须放弃时间反演对称的观点。这样一来，对称性的破缺就可以当成一种伴随时间流逝不断削弱的不可逆量。基于这一观点，对称性的自发破缺也可以看作驱动物质产生运动趋势的一种"广义的势能"。

例如，在原子核里，弱力的自发对称破缺会驱动放射性衰变；在宇宙空间中，引力场的不对称性会驱动天体运动。虽然对称性的破缺始终存在，但是对物质运动的驱动仅在某一区间有效。比如在放射性原子中，只有原子核的稳定程度低于一定水平，弱力的对称破缺才能正常发挥作用。不对称性的势能总是随着时间流逝瓦解，其中一部分转变为以光子为代表的、相对于整个世界绝对对称的粒子。

在标准模型中，根据不同的规范对称场景物理学家给出光子、三个有质量规范子，以及一种无质量零自旋的玻色子。这种无质量零自旋的玻色子被规范场吸收，形成了有质量的希格斯粒子。以光子为代表的无质量粒子和有静质量的粒子有着本质性的不同。光速运动的粒子都位于不变光场中，有静质量的粒子与希格斯场作用，且不可能被加速至光速。根据式(2-7)，光速粒子和有质量粒子在时间轴上正交。

对于常规宇宙中的我们而言，光量子的时间轴是一个对称的点，具有在不同坐标系中保持不变的特性和时间反演对称性。这意味着光量子的状态与观察者自身的状态无关，拥有永恒不变性。观察者宇宙中的维度、宇称、时刻对光子而言都是一样的。

将光量子所蕴含的质能定义为时空对称能量,而将具有静质量的能量定义为时空不对称能量。根据放射性衰变的结果,在弱力作用中,随着时间流逝,对称的能量总是增加,而不对称的能量总是减少。

被辐射的光子能量之和随时间流逝而增加,即

$$\frac{d\sum_{t}\sum_{n}hv_{n_t}}{dt} > 0 \qquad (2\text{-}18)$$

式中:hv 为辐射光子的能量;t 为时间轴上某一时刻;n_t 为这一时刻辐射光子的总量,总体含义是,将系统截止某一时刻辐射光子的总能量对时间求导,大于 0。

2.4 时间膨胀与有关客体集

光速意味着物质在时空中拥有绝对对称性,那么速度的增加也可以理解成对称性的增加与因果相关性的衰变。

根据洛伦兹变换和时间膨胀公式,随着相对运动速度的加快,对方的时间也会同步变慢。式(2-6)讨论了这种变换的极限情况,即相对运动等于光速时,对方系统的内部时间就会相对于我方静止。

另外,根据式(2-18)的讨论,对称性破缺产生的效应必须随着时间流逝逐渐发生。如果时间没有意义,那么放射性衰变这样的物理事件就不可能存在。物理系统的前后时刻应该是完全对称的,不会产生任何不可逆的后果。即使速度没有到达光速,由于时间度规即式(2-4)的存在,时间膨胀效应也会削弱观察者和客体之间的关系。如果要衡量一个客观主体对观察者的效应能力 u,可以通过张量变换来实现,即用它在某一时刻释放的能量 E_0 乘以时间膨胀产生加权系数。效应能力较差,意味着同样的作用要耗费更长的时间,才能完成与对方系统的交互。

在观察者主体系统所在的宇宙时空中,可以按照客体系统的相对速度来判断其是否与观察者系统具有因果意义上的时空联系。可以根据相对速度设定一个集合 N,这个集合包括了观察者宇宙中所有相对速度小于光速的系统,即满足

$$v < c \qquad (2\text{-}19)$$

这一条件的对象。

假如集合 N 中包含 n 个对象系统作为子元素,每个对象系统相对于观察者而言,拥有系统质能 E_n 和相对速度 v_n 两个特征量。质能取动能量和静能量的和,即

$$N = \{(E_1, v_1), (E_2, v_2), \cdots, (E_n, v_n) \mid v < c\} \qquad (2\text{-}20)$$

$$E_n = Ek_n + Em_n \qquad (2\text{-}21)$$

将其设为与观察者坐标系时空有关的对象集合,简称有关客体集。如果把和观察者有关的客体的总质能全部加起来,即能得出某一时刻常规宇宙物质①的总体质能,即

$$u_N = \sum_{n=1}^{n} E_n \qquad (2-22)$$

则与观察者坐标系时空有关的质能,简称有关能量。

2.5 时空脱耦

从物理的角度探究宇宙的命运,会令人感到唏嘘。因为在物质世界的三种已知结局中,有关能量的总规模总会随着时间的流逝不断减少。这三种结局分别是变成光,变成黑洞,还有被膨胀的宇宙切断彼此间的联系。有代价的等效变换也好,不可逆的对称破缺也罢,物质从诞生的伊始就开始彼此疏远。

2.5.1 宇宙膨胀造成的时空脱耦

根据天文的观察,今天的宇宙在极为宏观的尺度上存在许多纤维状的结构。而我们所在的银河系,只是隶属拉尼亚凯亚超星系团②的一粒微末般的尘埃。

宇宙学家根据这一现象提出了宇宙膨胀模型。他们认为,太初宇宙的物质间存在一些微小的密度涨落,影响了引力聚集物质的过程。另外,引力的作用效果与距离的平方成反比③,因此宇宙的诞生瞬间必须以一个极快的速度膨胀,否则就会被强大的引力拉回原点。宇宙学家预测,仅需数秒的时间,宇宙的尺寸就极为可观了④。向外拉扯物质的宇宙膨胀效应和向内拉扯的引力聚集效应,是一组相互拮抗的作用力,既未使物质全部坍缩成黑洞,也未使宇宙结构完全溃散,又经历了137亿年的演化,成为今天的样子。

同样根据观察,我们的宇宙至今仍处于加速膨胀中[9],而有关客体集恰好提供了一个理解宇宙加速膨胀的新视角[10]。

1. 匀速膨胀

我们不妨先设想一种情况,一个以恒定的哈勃常数⑤ H 膨胀的宇宙。在观察

---

① 宇宙中小于光速的物质,与人类类似,所以是常规的。
② 银河系所处的超星系团,是通过一种星系的视向速度的新方法被定义的。
③ 根据重力公式,$g \propto \left(\frac{1}{r}\right)^2$,这一结果引发了引力重整化,会导致广义相对论在微观层次失效。
④ 宇宙暴涨理论:早期宇宙的空间以指数倍的形式膨胀。膨胀增长速率非常大。暴涨过程发生在宇宙大爆炸之后的 10^{-36} s 至 10^{-32} s。在暴涨结束后,宇宙继续膨胀,但是膨胀速度则小得多。
⑤ 根据哈勃定律,河外星系退行速度同距离的比值是一个常数,用 H 表示。

者看来,膨胀会在宇宙物质①中均匀地发生,因此离我们距离越远的物质,远离我们的速度也就越快。

根据 H,可以假定一个距离 R_u,使其膨胀速度恰好等于光速,即

$$R_u = \frac{c}{H} \tag{2-23}$$

假如光速不变在宏观宇宙尺度的观察中仍然生效,那么观察者看到的宇宙边界也应该满足洛伦兹变换。R_u 处的空间膨胀速度是光速,所以时间的膨胀效应会造成 R_u 球面上的物质看起来像静止一样。假如有一束光向着 R_u 临界逼近,它的时间会在逼近过程中变得越来越慢。

对于一个匀速膨胀的宇宙而言,光速膨胀的边界 R_u,也是这个宇宙的边界,即宇宙粒子视界②。所有接近宇宙边界的物质,会在以观察者为中心、R_u 为半径的球面上,形成一个有界无限的不动边界。

而这个球面上的任意微末距离 L_u,其时间和距离的曲率都变成了无穷大,球面上的物质和发生的作用在观察者看来都是静止的。在有限的时间内,常规宇宙中的物质只能接近边界,却永远无法抵达它,即

$$\lim_{t \to \infty} ct = L_u \tag{2-24}$$

用可望而不可及形容这种情况最为合适。如果观察者向球面发射一束光,那么经历无限长的时间后,这束光才能抵达这个球面。只不过,观察者的时间对于光而言本就没有意义。因此对光来说,观察者和宇宙边界是一体的③。光对于观察者的时空同样是无意义的,这种无意义也可以看作一种不变性的等效和对称。

在匀速膨胀的宇宙中,宇宙粒子视界 R_u 永远保持不动,它既是宇宙的起点,也是宇宙的终点。常规宇宙中的物质会不断向它靠近,却无法抵达它。

匀速膨胀的宇宙必须有一个基础大小。根据式(2-6),尺缩效应会将宇宙诞生时刻与观察者的时空距离无限拉长,让其变成一个无穷远的点。

如图 2-7 所示,随着宇宙年龄 t_u 的增加,光传播的总距离 ct_u 会向着宇宙粒子视界收敛。由于时间膨胀效应的存在,宇宙粒子视界会永远保持在宇宙刚诞生的状态,即时间膨胀率为无穷 $T = \infty$。又因为粒子视界的时间保持冻结,所以边界处的射线抵达观察者的这段路程也无限漫长。稍近一点的空间,时间还没有完全冻结,它们发出的光会陆陆续续地抵达观察者的视野。从观察者的角度来看,宇宙边界会慢慢变得年轻,但是变化的速度越来越慢。

---

① 根据爱因斯坦的观点,空间是物质的延展,不存在具有实际性的空间。因此,宇宙空间的膨胀实质上是物质平均距离的增加,而非空间的实际膨胀。

② 宇宙粒子视界也称为宇宙学视界、漫反射的视界或宇宙光线视界,是粒子在宇宙年龄里到达观测者的最大距离。

③ $\infty + a = \infty$。

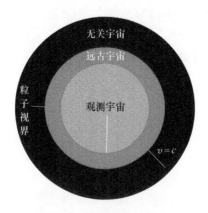

图 2-7　宇宙膨胀示意图

假如哈勃常数 H 不变,那么光速膨胀的边界 R_u 也是固定的,在宇宙诞生之初就确定好了,既不会增加也不会减少。随着时间流逝,我们将看到那些更加靠近光速膨胀边界的、更古老的光。

目前观察到的宇宙微波背景辐射来自于诞生约 38 万年的宇宙。如果人类能拥有无穷的寿命,就能通过宇宙微波背景辐射见证宇宙变年轻的过程,从 38 万岁慢慢回到原点。但是这个过程无限长,会从今天开始持续至时间的终点。

在匀速膨胀的宇宙中,旅行者的活动范围可以到达目光所及的任意一处。无论目的地的距离有多远、膨胀造成的远离速度有多快,在经历了漫长的时间后,旅行者总是能抵达终点的。具体的过程参考蠕虫悖论①中的追赶运动。尽管旅行者的运动速度远远小于光速,但是从整个路程的角度看,旅行者与目标的距离正在成比例地缩小。逼近过程可以写成一个调和级数,而调和级数是发散②的,即

$$\sum_{k=n}^{\infty} \frac{1}{k} = \infty$$

在描述膨胀的哈勃常数 H 不变的情况下,宇宙边界以内的总质能是有限且固定的,不随宇宙年龄的增长而改变。宇宙诞生时的第一束光则会在时间的尽头抵达地球。

2. 减速膨胀

假如哈勃常数 H 开始减少,膨胀速度等于光速的位置会不断向外延展。换而言之,光的运动既可以不断超过原先的宇宙边界,也可以把更遥远的信息带给我

---

① 一只蠕虫从一米长的橡皮绳的一端以 1cm/s 的速度爬向另一端,橡皮绳同时均匀地以 1m/s 的速度向同一方向延伸,蠕虫会爬到另一端吗?答案是肯定的。

② 调和级数是由调和数列各元素相加所得的和。中世纪后期的数学家奥雷姆证明了所有调和级数是发散于无穷的。

们,形成一个没有边界的、不断扩展的宇宙。我们不仅能通过古老的光线观察遥远宇宙的诞生,还会陆续观察到一些全新的物质,见证它们从诞生到演化的全部过程。旅行者的活动范围也会随着时间不断变大。根据式(2-22)可以认为,宇宙减速膨胀会导致有关客体集随时间流逝变大。

3. 加速膨胀

根据目前的天文学观察,宇宙的哈勃常数 H 始终处于加速之中。和匀速膨胀宇宙一样,即便过去了无限长的时间,能够与观察者交互的物能总量仍旧有限。同时,两个物体之间的关联还有时间限制,随着宇宙年龄的增加,与观察者的时空发生脱耦的客观主体将会越来越多,彼此之间的时间矢量关系转为正交。

基于光速本身不随宇宙年龄而改变的基础假设。根据宇宙本身的加速膨胀可以推论,由光速膨胀定义的,可观测宇宙极限共动距离 R_u 球面,会不断向内缩进,造成球体中的物质总量不断减少。当客体临近 R_u 球面处的微末距离 L_u 时,客体和观察者的相对速度会因为宇宙加速膨胀到达光速,进而造成时空脱耦。

又因为加速膨胀是持续的,越来越多的客体将会到达光速。旅行者活动范围内的客观主体和有关能量也变得越来越少,最后还可能发生大撕裂①,连质子和中子都会解体。

在加速膨胀的宇宙中,一旦物质进入可观测宇宙边缘的光速球面,它与我们的联系就会彻底中断。有关它穿越边缘这个时刻的信息则会变成一道残影,随着时间的流逝不停地被我们观察到。这道残影就像宇宙诞生的瞬间释放的光芒那样,需要耗费无穷的时间才能抵达观察者。

对于观察者而言,宇宙膨胀造成的时空撕裂过程被无限拉长了。如果用被观察的客体自身的时间矢量来计量,观察者看到的信息会永久性地收敛在某一个时刻。只要超过了这个时刻,客体的信息就永远无法抵达我们的视野。时间收敛的具体时刻,可以称为定格时刻。越靠近这个定格时刻,客体的内部作用就越缓慢,发出的光线就越少。

根据相对性原理,这种时空撕裂过程也是相互的。观察者的时间对于客体而言也会收敛在某个时刻,在这个时刻以后,观察者的行为对于客体来说就没有意义了,两者望向彼此的目光再也不可能相交。

在加速膨胀的宇宙中,相对距离越远的物质,相对的定格时刻就越早,宇宙边界的定格时刻就是宇宙大爆炸的瞬间。在宇宙诞生之初,哈勃常数 H 是最小的,因此以它和光速来定义的临界 R_u 也是最大的。最初的边界 R_{u0} ,也是宇宙时空因果关系的最远距离。然而距离观察者更近一些的物质,时间收敛的时刻也会更近。

---

① 一种宇宙学假设,大撕裂指宇宙膨胀速度越来越大,任何留在地球上的观测者看到的星系将越来越少,宇宙中任何靠万有引力支撑的东西都将发生分裂,所有物质都将被撕碎。

只要超过了这个时刻,对方的相对时间就会完全停滞,就算旅行者以光速出发,也永远追不上对方。

从另一个角度来考虑,只要相对速度等于光速,那么它之后的状态就不值得讨论了,包括脱耦之后的相对距离,还有脱耦以后对方宇宙的时间流逝。因为二者的相对距离是无穷的,时间流逝也会被完全冻结。

就观察者宇宙的坐标系而言,不同客体实现光速化的时刻不同,但只要到达了光速,它们在时空上就是同等意义的无关,完全脱离了常规宇宙中的时空关系,不属于有关客体集。

根据广义相对论原理,时空扭曲和运动加速等效。在有关客体集即式(2-21)中,客体和观察者的相对速度 v_n,可以看作运动速度 v'_n 和膨胀速度 HR_n($R_n < R_u$)的洛伦兹叠加,即

$$v_n = \frac{v'_n + HR_n}{1 + \frac{v'_n(HR_n)}{c^2}}$$

在宇宙边界即半径等于 R_u 的球面处,膨胀速度均为光速,即

$$HR_u = c$$

相对光速也意味着球面物质与观察者脱耦,不属于有关客体集。而加速膨胀会使极限距离 R_u 向内缩进,使越来越多的物质被加速至光速,将其排除到有关边界以外。

在不考虑物质相互作用的情况下,宇宙加速膨胀会造成有关客体集和有关能量规模随宇宙年龄 t_u 增加而不断减小。

因为 $\frac{dH}{dt_u} > 0$ 且 $\frac{\partial |N|}{\partial H} < 0$

所以

$$\begin{cases} \frac{\partial |N|}{\partial t_u} < 0 \\ \frac{\partial u_N}{\partial t_u} < 0 \end{cases} \quad (2\text{-}25)$$

式中:H 为哈勃常数,随时间变大;N 为有关客体,随哈勃常数变大而减少,所以有关客体的数量 $|N|$ 和有关能量规模 u_N 将随宇宙时间的流逝而减少。

2.5.2 黑洞生长造成的时空脱耦

在宇宙边界以内,时间的另一种终点是黑洞。如果用感性直观的距离感进行理解,它和我们的距离可以非常近。也许在太阳系边缘处就有一个,甚至有可能在强子对撞机中一不小心就给撞出来了。然而,黑洞的实际距离却是无限远的,和宇

宙边界一样远。

爱因斯坦在广义相对论中构建了一种时空模型,能够帮助我们更好地理解感性直觉与实际情况的区别。广义相对论的基础思想是质量在惯性和引力中的等效性。由此推测出,一个箱子里的人无法分辨自己是被绳子牵着加速,还是处于一个向下引力场中。同样,在飞机中自由落体和在宇宙空间站中的感受也是类似的。爱因斯坦通过质量守恒,建立了一种统一引力和电磁的规范场,而引力作用和电磁力作用具有规范对称性。

能在宏观层面影响物质的力称为长程力,长程力包括引力和电磁力,可以被严格等效。因此重力加速度 g,也可以被看作一种运动加速度 a。在相对论体系下,一个在引力场中运动的物体,速度每时每刻都在发生变化,引发这种运动的作用中心即是引力源。

根据感性直观的认识,空间是一种均匀的存在,物质在空间中的运动理应是平滑的。然而实际上,空间可能只是物质广延,巨大的质量会造成周围的空间发生扭曲。处于大质量物体周围的客体,运动速度会自发地改变并向着引力源加速。

爱因斯坦使用了一种分析与几何结合的处理方式描述这种扭曲,即闵氏空间①。均匀的时空可以用连续的欧几里得几何来描述,而引力的作用扭曲了直观空间的欧几里得几何形态。

在分析中,扭曲的空间形态可以用无限稠密的曲线组成一个实数集,与欧氏几何空间搭档,形成黎曼几何空间[11]。假设有一束沿直线传播的光,途中会路过一个大质量物体。这个物体使空间发生了膨胀,因此光的路径也就弯曲了。

质量造成弯曲效益与质量大小成正比,与距离成平方反比。只要两个物体的距离足够近,就会陷入一个能够把垂直光彻底扭曲成光环路的史瓦西半径②,即

$$R_s = \frac{2Gm}{c^2} \quad (2-26)$$

式中:G 为万有引力常数;m 为物体质量。对于任意质量的质点,以它为圆心,R_s 为半径,引力作用就会形成一个连光都跑不出去的球面,也称为事件视界③。

事件视界的形成条件极为严苛,需要物质达到极高的密度。目前看来,只有简并物质④可以满足这种要求。像是地球这么多质量的物质,史瓦西半径也仅

---

① 闵氏空间是由一个时间维和三个空间维组成的时空。
② 史瓦西半径是任何具有质量的物质都存在的一个临界半径特征值。在物理学和天文学中,尤其在万有引力理论、广义相对论中它是一个非常重要的概念。1916年由卡尔·史瓦西首次发现。
③ 事件视界是一种时空的曲隔界线,视界中任何事件皆无法对视界外的观察者产生影响。通常用事件视界来定义黑洞的范围。
④ 简并物质是密度极高的物质,这是由于泡利不相容原理妨碍组成粒子占有相同量子态,粒子被迫进入高能量子态,使密度增大。简并物质有白矮星、中子星、奇异物质、金属氢和黑洞等。

有 9mm。

对于观察者而言,事件视界是观察黑洞的极限边界,也是时间和空间的终点。被视界包裹住的直观空间是没有实际意义的。事件视界球面上任意微末 L_s 处的物质,其速度 v_{L_s} 等于光速,加速度是无穷,即

$$v_{L_s} = c \text{ 且 } \frac{\mathrm{d}v_{L_s}}{\mathrm{d}t} = \infty \tag{2-27}$$

事件视界球面上的物质和光,在观察者看来理应是严格静止的,二者之间的时间膨胀度均为无穷大。假如有一个火箭朝着黑洞前进,且黑洞的大小保持不变,那么从观察者的视角来看,火箭会永久性地停驻在和黑洞事件视界边缘的微末处。而对于火箭而言,它可以一直向前飞行,却永远不会有终点,也永远到不了事件视界。然而黑洞大小并非一成不变,而是会生长的。黑洞研究的先驱者霍金提出,黑洞的表面积只增不减。也就是说,黑洞会慢慢长大,把火箭吞噬,事件视界也在不断扩大。该定理于 2021 年在科学家对引力波[①]的观测中得到了数据支撑。黑洞事件视界的形成原因是重力导致的时空扭曲,这和宇宙膨胀形成的共动[②]边界在本质上是一样的。

根据式(2-21),半径为 R_s 球面即事件视界上的物质,不属于有关客体集 N。而随着事件视界半径 R_s 的扩大,越来越多的物质被吸入事件视界内部,与观察者坐标系的时空关联也会就此脱耦。

黑洞辐射[③]也不能解除时空脱耦,因为黑洞辐射是以光速粒子为载体的。光速粒子和时空奇点都具有永恒不变性,两者对于观察者坐标系而言是等效对称的。

结合黑洞的表面积增加定律可以得出结论,有关客体集和有关能量规模都会随黑洞年龄 t_b 的增加而不断减小。

因为

$$\frac{\mathrm{d}R_s}{\mathrm{d}t_b} > 0 \text{ 且 } \frac{\partial |N|}{\partial R_s} < 0$$

所以

$$\frac{\partial |N|}{\partial t_b} < 0 \text{ 且 } \frac{\partial u_N}{\partial t_b} < 0 \tag{2-28}$$

式中:R_s 为视界半径,随黑洞时间的增加而变大。视界变大也意味着,存在有关客体 N 落入黑洞并脱耦,有关能量 u_N 也会随黑洞时间的流逝而减少。

---

① 引力波,大质量物体的引力活动通过波的形式向外传播能量。
② 宇宙的共同距离随宇宙膨胀同比例膨胀。
③ 黑洞辐射是以量子效应理论推测出的一种由黑洞散发出来的热辐射。

2.5.3 电磁作用与时空脱耦

苍穹既是蓝天,也将地球笼罩在帷幕之下。

宇宙和黑洞都太过遥远,好像是另一个世界的童话。

它们的故事从太初延续到终焉,无人可以见其始末。

只有光如精灵般编织着一切,勾绘了永恒与刹那。

从十几岁的意气少年,到七十多岁的迟暮老人。终其一生,爱因斯坦都在追寻光的本质。光的行为模式与人类的感性直观相去甚远。我们凭直觉做出的论断,放到光的身上几乎都是错的。但光与我们的关系又很密切,在与人类相差不大的尺度范围内,作为主要运动推手的是电磁作用,它的媒介子就是光。光具有在不同坐标系中保持不变的特性。

随着时间的流逝,系统总是倾向于将一部分质能转变为光。在自然界中,电磁作用的形式是千变万化的。固体的相互作用力、流体的层流或湍流①、带电物质在电场中运动、热交换,都被归类在电磁作用的范畴里。

按照系统论的理论框架,可以根据和外界的交互情况将作用力系统分成孤立系统、封闭系统和开放系统三种。开放系统是最常见的系统,它的内部成员是不稳定的,时刻都有可能和环境发生质量和能量的交换。所有自发交换都是不可逆的、不具备时间反演对称性。像是陨石,只要撞击了地球,就不可能再自己飞回到天上。

与重力势能类似,电磁作用中也有数不胜数的广义势能,如电势、温势等。用熵的概念描述这种不可逆现象最为贴切。提出熵增概念的科学家是克劳修斯②,使其得到进一步发展的是玻耳兹曼③。熵增理论对于当时的物理学界而言,是一种具有颠覆性的理论,因为它与物理学追求守恒和等效的底层思想有着很大的冲突。如果熵增定理是正确的,那么宏观意义上时间反演对称性就不可能正确。

当时的物理学界普遍持着与爱因斯坦类似的观点,把时间当作人类的幻觉,反对熵增的存在。也正因如此,玻耳兹曼的理论遇到了非常大的阻力,他的学术生涯十分坎坷,最后迫于压力自杀。墓碑上没有任何装饰或铭文,唯有一条简短的公式,也就是玻耳兹曼熵方程,即

$$S = k\log W \qquad (2-29)$$

式中:k 为玻耳兹曼常数;W 为物体状态量的总数。

---

① 当流速增加到很大时,层流被破坏,相邻层流间不但有滑动,还有混合。这时的流体做不规则运动,有垂直于流管轴线方向的分速度产生,这种运动称为湍流,又称为乱流、扰流或紊流。

② 德国物理学家和数学家,热力学的主要奠基人之一。

③ 奥地利物理学家、哲学家,热力学和统计物理学的奠基人之一。

而熵增就意味着系统内所有物体的可能状态量之和总是在增加。这些增加的可能性空间并非凭空产生,而是不同的系统发生合并,共享彼此的状态量,造成了状态量之和的增加。

为了更好地说明这一问题,我们假设有两个长方形的箱子连在一起,每个箱子里均有一个实心小球,在体积为 W 的空间中运动。将两个独立的箱子视作一个数学上的集合,拥有的状态总量是 $2W$,如图 2-8 所示。

图 2-8　独立系统示意图

现在把中间的隔板去掉,两个小球的运动空间均变成了之前的 2 倍。新系统拥有的状态总量为 $4W$,即 $2×2W$,如图 2-9 所示。

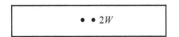

图 2-9　简并系统示意图

熵增定理是根据自然界中系统演化的普遍规律总结的。系统的状态总量随着时间流逝只增不减。它的本质是具有独立性的系统相互合并的过程。在这一过程中,系统成员的平均状态量会持续性地增加,进而保证整体状态量的增加。熵增还会产生其他伴随后果,即熵增意味着混乱。

从物理的角度考虑,这种混乱具有双重意义:一是从有序变成无序;二是从不对称变成对称。具有独立性的系统,可以与环境产生熵流,是有序且不对称的。随着系统年龄的增加,系统会逐渐向着无序发展,系统物质与环境物质性质也会变得相似,即对称化。

乍一看会觉得很难理解,因为无序和对称这两个概念看上去是矛盾的。这是因为,在物理意义上的有序和一致化表达了相反的意义。一致化意味着无序,而有序则意味着系统中存在数几个具有本质区别的子集合。也只有系统性的不均衡存在时,物质才会按照势能的梯度,朝一个固定的方向运动。

在数学中可以用平均场[①]来描述不同子系统之间的作用关系。每个子系统都可以看作一个单独的序列。随着系统年龄的增加,子系统间不对称性形成的势能,会被一点一点消耗,整个系统趋于统一。直至所有能被释放的势能全都完成了释放,系统又会重归平静,这样的系统也被称为稳定系统。

---

① 平均场论是一套将随机过程中的多体问题分解为多个单体问题进行求解的范式和理论。

系统从不稳定朝稳定演化的过程,是一个宏观势能 E_p 转变为动能 E_k 的过程。动能的表现形式多种多样,如果两个系统发生了合并,那么原先两个系统之间的宏观势能就会被全部转化为新系统的内能,并在短时间内释放大量辐射。内能从宏观角度来理解就是热能。最终,热能 Q 会通过黑体辐射全部释放到系统外。这里我们先将两者独立考虑,即

$$Q + \sum_n h v_n = - E_p \tag{2-30}$$

式中:Q 为产生的热能;hv_n 为辐射;$-E_p$ 为系统释放的势能。

系统兼并还会造成物质密度的增加。根据布朗运动的研究,越是靠近相空间中间区域,物质的密度就越高。虽然看上去有些矛盾,但是状态的总量 W 的增加,会导致物质的空间概率分布出现波峰收缩①,如图 2-10 所示。

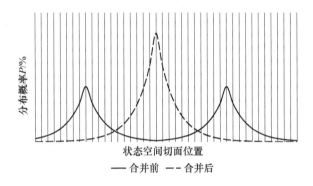

图 2-10　系统物质分布示意图

密度增加将导致系统内物质的运动变得频繁。一旦动能突破了能量密度临界值就会发生核聚变②,对外释放光子。光属于对称的质能形式,核聚变也是有关能量转变成无关能量的主要形式之一,转化效率比单纯的电磁作用高。回到系统的问题。假如是开放系统,那就意味着与外界存在互动。随着开放系统的年龄不断增加,系统结构也会趋于稳定,与外界的差异会同步减少。

最终可能会形成两种结局:一种结局是和其他开放系统一起,共同组成一个更大的系统,分享彼此的状态量,或者是被数个大系统共同瓜分;另一种结局是形成对外稳定的系统,不再发生本质性的改变。

根据玻耳兹曼熵方程,即式(2-29),一个巨大系统 A 中可能的状态空间是固定的,若要使熵 S 连续增加,那么系统中的子元素 a_n 的区划数量 n 就必须通过子系统的兼并连续地减少。

---

① 原本离散的分布变得集中。
② 轻原子核结合成较重原子核释放能量。

因为

$$\frac{\partial S}{\partial n} < 0 \text{ 且 } n \geqslant 1$$

又因为

$$\frac{\mathrm{d}S}{\mathrm{d}t_\mathrm{s}} > 0$$

所以

$$\frac{\partial n}{\partial t_\mathrm{s}} < 0 \text{ 且 } \lim_{t_\mathrm{s} \to \infty} n = 1 \tag{2-31}$$

如果将太阳系视作一个巨大系统,那么它的演化已经进入了中晚期,子系统之间的兼并事件已经十分罕见了。这对于人类而言非常重要,意味着火星不会突然加速然后径直撞向地球;地球上的石块也不会突然就被某种作用扔到月球上去。太阳系中主要的物质系统都是相互封闭的,不会在彼此之间交换子元素。然而,在太阳系形成的早期,行星和小行星的数量都比现在多,撞击事件也会比较频繁。还有一种更理想化的情况,即孤立系统。这种系统与外部既没有物体交换,也没有能量交换。不过,这种极端的理想情况对于观察者而言也没有任何意义。即使宇宙中的某处存在一个孤立系统,那也与观察者无关,看不见也摸不着,有些类似于宇宙学中的暗物质概念。

凡是存在内部活动的物质系统,都会产生一种伴随时间发生的作用,即黑体辐射。根据斯特藩-玻耳兹曼定律,黑体辐射的辐射总功率与温度的四次方成正比,即

$$j^* = \sigma T^4 \tag{2-32}$$

式中: σ 为黑体①辐射常数; T 为热力学温度。

黑体辐射的本质,是从微观电磁作用中不断逃离的媒介光子。当微观的物质运动静止时,热力学温度 T 也会降至绝对零度②,黑体辐射也同样会停止。黑体辐射是封闭系统释放能量的主要方式。我们日常生活中见到的人造光,绝大多数是由黑体辐射现象形成的,如火焰、炽光灯③,也有一些来自放射性衰变或者激光④。地震、火山活动,也是因为地球内部的热辐射在尝试用更高效的方法向宇宙空间释放[12]。

在系统合并这样的宏观的电磁事件中,巨大的势能会被暂时性地转变为物体

---

① 黑体是研究热辐射的理想物体,热辐射与物体本身的特性和温度有关。
② 在此温度下,物体分子没有动能,但仍然存在势能,此时内能为最小值。现实中无法达到,只是理论值。
③ 通过电阻丝发热形成光源。
④ 处于激发态的粒子发生轨道跃迁对外释放的辐射。

的内能 Q。随着系统时间 t_s 的流逝，最初的内能 Q_0 会全部通过黑体辐射的形式一点一点释放出去，形成做功 W。一切电磁作用最后都会导致黑体辐射总量的增加，即

$$\lim_{t_s \to \infty} W = Q_0 \tag{2-33}$$

$$W = \int_0^{t_s} j^\tau$$

辐射功率 j^τ 是一个随系统时间 t_s 变化的量。随着内能的降低，辐射速度也会放缓。尽管如此，内能还是会在时间的尽头转化殆尽。

在宇宙空间中，物质的平均密度趋近于零。辐射出去的光子被其他物质重新吸收的比例是很低的，绝大部分都会冲向宇宙的边界。被其他物质系统重新吸收的辐射能量，也会随着一轮又一轮的电磁作用以指数速率衰变，最终全部冲向宇宙边缘。

在电磁系统中，熵会不断增加，势能会被不断地被转化为内能，系统的内部序列会不断坍塌。在经历了无穷的时间后，内能又会全部转化为黑体辐射，变成光。在孤立系统中，熵总是随时间增加的，因此熵增会导致子系统间的势能减少，即因为

$$\frac{dS}{dt_s} > 0 \text{ 且 } \frac{\partial S}{\partial E_p} < 0$$

所以

$$\frac{\partial E_p}{\partial t_s} < 0$$

系统的初始势能 E_{p0} 最终将全部转变为辐射，即

$$\lim_{t_s \to \infty} \sum_{t_s} \sum_{n_{t_s}} h v_{n_{t_s}} = -E_{p0}$$

同时，光与观察者时间矢量正交，属于与观察者坐标时空无关的质能。所以电磁作用也会造成有关客体集和有关能量规模的持续性减少，即

$$\frac{\partial |N|}{\partial t_s} < 0$$

$$\frac{\partial u_N}{\partial t_s} < 0 \tag{2-34}$$

有关客体的数量 $|N|$ 和有关能量的规模 u_N，将随系统时间 t_s 的流逝而减少。

2.6 时间流逝与时空对称化

对于宇宙中的任意观察者而言，在观察者时空坐标系中拥有不对称性的物质，

总是在向着对称化的方向发展。与观察者时空有关的质能规模总是随时间的流逝减少，即

$$\frac{\partial u_N}{\partial t} < 0 \qquad (2\text{-}35)$$

这也正是时间流逝的客观意义。随着时间的流逝，宇宙中的系统会不断简并，就像星系之间相互吞噬，河流汇入大海。这是因为系统的本质就是物质群的宏观不对称，譬如地球和火星就可以看作位于不同空间坐标的两个物质群落。

系统简并将会导致物质群以更加混乱的形式运动，同时把子系统之间的广义势能转变为内能。内能只是一种过渡状态，最终将被无尽的岁月转变成光或其他形式的对称能量。

这些具有时空对称性的能量，是以光为代表、以光速运动的物质。它们对于整个宇宙的时间与空间守恒。从不同的位置、不同的时刻观察它们都不会有任何区别。在对称物质所在的不变光场中，整个常规宇宙的物质都会发生坍缩，变得看起来就像一个奇点一样，就像我们在常规宇宙中认知的没有体积的光子。

从宇宙的历史进程来看，相对速度达到光速的物质正在变得越来越多。如果把时间拉至无限长，那么物质已知的结局只有三种。

(1) 消失在加速膨胀的宇宙边缘。推动宇宙膨胀的作用被称为暗能量[1]。这种能量也许是源自大爆炸发生的、更高层次宇宙的一个涨落。而宇宙的演化，就是让这个涨落造成的不对称性重新归零。根据宇宙的膨胀速度，我们可以计算出它的边界，一个以光速膨胀的物质圈。

如果加速膨胀一直继续，那么原本位于光速圈以内的物质也会到达光速，逐渐消失在宇宙边界之外。最后，宇宙中所有位置不同的物质，相对速度都会到达光速，形成时空的对称性。

(2) 消失在生长中的黑洞边缘。当物质群的体积小于史瓦西半径时，黑洞就会形成。根据广义相对论，在史瓦西半径处的空间曲率无穷大，因此任何处于该位置的物质都会被加速到光速。而黑洞的事件视界，在效果和性质上，等同于以恒定速度膨胀的宇宙边界。另外，黑洞的表面积总是增加，所以越来越多的常规物质会被吸入黑洞，被加速到光速，形成时空的对称性。

(3) 转变为辐射。辐射可以让具有时空不对称性的质能缓慢地转换成对称的质能形式，它与黑洞生长和宇宙膨胀是相辅相成的。

爆炸并转变为黑洞是许多超大型恒星内核冷却后的最终宿命。如果宇宙加速膨胀一直进行，那么没有坍缩成黑洞的物质团也会被宇宙膨胀推至光速进而实现

---

[1] 暗能量是驱动宇宙运动的一种能量，它和暗物质都不会吸收、反射或者辐射光，所以人类无法直接使用现有的技术进行观测。

对称化。

人类、星球乃至宇宙本身都是有寿命的,这种寿命就源自系统内部的不对称性。当不对称性完全衰变,系统就会与环境融合,也结束了它作为独立个体的历史。

时间流逝效应、造成时间流逝效应的不对称性、时间流逝效应形成的演化,是每个系统最根本的属性。在不同系统中,时间流逝的方向是一致的,这也形成了另一种对称性,即时间流逝对于不同系统演化的规范对称性,即时间流逝的方向守恒。这个方向,则是让全宇宙时刻不停地向着对称化的方向演化。因此,对于任意系统而言,前后时刻都有质的区别,那就是时空坐标系中,全部物质的对称化程度不同,即 u_N 始终在减少。

2.7 时间之于科学

时间改变了宇宙,也改变了人类。

有些人却试图否认这一点,他们总是觉得,长江永远是那条长江,就算江水向东逝去,但只要你的跑动速度和水的滚动速度一样快,就能让它保持不动。

从伽利略开始,物理学就以守恒律为核心。能量守恒,动量守恒,信息守恒,电荷守恒,仿佛这世间的一切都是守恒的,有的是办法让它们变回原来的样子。而时间则像是一位物理过程的搬运工,从来不会有自己的想法。

近五十年来,一部分学者发明了高超的数学手段。他们完全放弃对时间的考量,试图将量子力学和相对论放进同一个式子里。在这些理论中,空间被描述成一种循环扭结状的圈①,或是十个维度的弦②[13]。但是他们忽视了最基础的问题,作用维度的本质是什么?数学真的有能力描述宇宙吗?[13]

早在一百年前,数学家亨利·庞加莱③就指出,科学家永远无法论证宇宙有一种特定的几何结构。爱因斯坦则推翻了以太,晚年开始旗帜鲜明地反对空间的本质性,而是将其视作物质的广延。

今天的科学家却费尽脑汁、穷思竭虑地为本不存在的空间建模。试图打造一种万能的数学"以太",用于容纳一切可能发生的作用。这在本质上是一种盲目的、有深层次缺陷的机械控制论,是数学上的进步和思想上的退化。

韩非子说"智不尽物"④,人们不应对自身的逻辑思维过度自信。否则,唯一的

---

① 圈量子引力论。
② 第二次超弦革命后的弦论模型。
③ 法国数学家,提出庞加莱猜想、庞加莱定理等。
④ "智不尽物,力不敌众。"——韩非子

贡献可能是逼迫超级计算机提升算力。就算有一天，一个无比复杂的万能公式真的被设计出来了，我们就能把它交给一台通用人工智能，让它解决宇宙中一切问题吗？

答案显然是否定的。因为宇宙中的基础单元数量太大，就算模型绝对准确，运算效率也会很低。无论是人工智能还是人类，思维能力都很有限，必须在一定的粗粒度下思考问题。因此，我们在选定思考对象时，必须根据环境因地制宜，尽可能采用最简单的方法解决问题。站在科学的理论框架下观察这个宇宙，会发现它充斥着太多的巧合。星空再稀疏一点，就不会有银河；太阳再靠近一点，就不会有海洋；分子再对称一点，就不会有基因。把这一系列的偶然因素相乘，人类的出现就像是一个巨大的巧合，一定有某个造物者把一切都安排好了，这个世界才能容纳我们。我们仍旧无法解释规律常数从哪来，人类究竟为什么存在，又为何会变成现在的样子。有谁能凑齐这么多的巧合，让宇宙变得这样绚烂多彩呢？

答案或许就藏在时间里，感性和直观已经明确地告诉我们，在时间的背后一定存在一种伴随其流逝而发生的原则性作用。

在时间之初，宇宙中没有任何复杂的结构，只有一团混乱的"物质粥"①，是时间背后的某种力量，让它们发生了自我组织，变得复杂，最终变成现在的样子。回到时间的原点，就能看到事物本来的样貌。

---

① 大爆炸后的 30 万年后，约 3000℃，化学结合作用使中性原子形成，宇宙主要成分为气态物质。

第 3 章　存在与演化

在传统的哲学乃至现代科学中,宇宙中的物质和物质存在都是两种不同的事物,要分开讨论。

物质是客观的,甚至是永恒的。它是整个世界的基础,却并非以某种固定的形态留存于世,而是随着时间的流逝不断地变化着。物质存在又称物体,是物质在规律下产生的个性化系统。物质聚集成物质团,再通过人类的感性得到认知。

在洪荒伊始,宇宙中并没有成形的物质存在,一切都要在时间的长河中慢慢地建构。时间也并非一位好相处的朋友。它让人长大,也让人变老。存在因时而生,也因时而亡。在时间的起点和终点,物质是混沌的,没有任何形式的存在,而演化正是时间与存在的故事。在它的叙述里,时间和存在为了同一个目标而努力,却又是上下级的关系,上演着一次又一次地鸟尽弓藏、兔死狗烹。

人类对于存在的探究主要聚焦于本体性和恒常性两个问题。

本体性是对物体本质的研究,即物质以何种形式构成了物体。科学对本体的定义经历了两个阶段的发展。首先是本体论的存在观,不考虑微观层次的作用,而是将其视为一个单纯的整体。微观的本体是微粒,大量的微粒通过瞬间的相互作用组成了一个宏观的整体,即刚体。

后来,爱因斯坦提出了波粒二象性以及相对论中同时性的相对性,分别推翻了微粒和刚体,于是,场论和系统论就成为新一代的定义方法。场论认为,作用的本质是场,物体是被场控制的物质形成的宏观现象。而系统论则偏重于分析宏观与微观的关系,在哪些情况下宏观系统可以被视作一个整体,在哪些情况下不能。

恒常性问题是在讨论物体演化过程是否有意义。包括场论和系统论在内,主流的物理学理论都在描述一个静态永恒的物质体系,无法兼容不可逆的时间流逝和有意义的演化过程。难以解释包括生命在内的复杂结构,以及物质系统演化的方向性。对于恒常性的讨论,也是时间流逝问题的延展。物体演化的倾向性也可以当成时间效应在具体事物中的展现。

本章以系统论作为出发点,结合场论、熵增原理,讨论时间流逝对物质系统的影响。从宏观和微观两个层次展开分析,讨论二者之间的转换关系和相互作用。建立一种既能兼容时间流逝效应,又能实现物理学量化运算办法的存在理论。

3.1 时间流逝与物质存在

时间是每个物质存在①都具有的一种本体性的状态。它的流逝使得整个宇宙的物质系统发生时空脱耦，并造成了两种效应：一种效应是熵增，全体系统的状态总量将随着时间的流逝持续性地增加；另一种效应是同质化，物质存在之间的差异性会随着时间的流逝持续性地减少。在这两种效应的作用下，拥有高级运动形式的物质存在，将会随时间流逝不断退化成较为低级的形式。

物理学理论对宇宙终点的描述通常是悲观的。克劳修斯的热寂②理论，还有宇宙学中加速膨胀导致的大撕裂③，都描绘了一个不太乐观的结局。世界会走向寂静和死亡，物质终将发展至一种均匀的状态，存在和差别会被彻底抹平。

在现实生活中，我们时常能发现这一终局的影子。例如，不同的物体交换热量会导致温度趋同；又如人类社会中的群体效应，包括道德同化和从众心理④。任何一个带有封闭性的系统，都会走向宏观的稳定和状态平均，这是一个放之四海而皆准的规律。当然，反对的声音也不绝于耳。本体论是物理学最基本的思想。如果承认时间流逝会产生影响，那么对于本体的定义就需要根据不同的时刻不断地更新。这一工作的难度极大，会从可行性的角度否定物理学的研究。

在非必要的情况下，没有人会选择去做这样一件吃力不讨好的事情。也正因如此，包括牛顿、爱因斯坦在内的许多物理大师，始终坚持时间反演对称的观点。这也与他们的成功有着些许微妙的联系，因为抛开了时间流逝的影响，就可以极大地拓展一个极限情况的应用范围，进而抓住主要矛盾、忽略次要矛盾，能够比较容易地建立一套精准且普适的理论。

秉承永恒思想的本体论者也有一套完整的世界观，他们将时间反演对称的猜想拓展到整个宇宙的层面，最终形成了一种宇宙轮回的理论。比较严谨的表述是庞加莱-本迪克松定理，如果一个运动轨迹局限于一个不包含不动点的封闭有界区域内，那么轨迹最终一定会靠近一个封闭的轨道[14]。简单点说，如果物体在一个有边界的范围内运动，那么最终就一定会回到原点附近。或者说，在一个稳定且有边界的世界里，一切事物都在周而复始地轮回。这个宇宙甚至可以被不断降维，最后变成一条直线，被线性运算的计算机系统精确掌握，即宇宙全息理论⑤或

---

① 物质存在是指物质持续性地占据某个空间或者状态。
② 当宇宙的熵达到最大值时，宇宙中的其他有效能量已经全数转化为热能，所有物质温度达到热平衡，这种状态称为热寂。
③ 一些宇宙学家认为，宇宙中任何靠万有引力支撑的东西都将发生分裂，所有物质都将被撕碎。
④ 个人放弃独特性，表现出符合于公众舆论或多数人的行为方式。
⑤ 高维信息可能可以存储在粗粒度相同的低维介质中。

AdS-CFT 对偶①。爱因斯坦是庞加莱的忠实粉丝,同样高度赞成这一观点。

可惜的是,在真实的宇宙中,一个永恒不变的主体可能从未存在过。因为不变系统的一个必要条件就是绝对孤立,然而绝对孤立的系统是不可能被观察到的,想要制造一个永恒的系统就更不可能了。如果实现了,那就是永动机。

或许有一个系统可以被看作孤立的,那就是宇宙本身。但宇宙并不是静态的,宇宙中的运动速度低于光速的质能会因为黑洞表面积增加、宇宙加速膨胀、光速辐射这三种效应逐渐萎缩。时间流逝造成的不可逆事件在任意观察者的宇宙空间中随处可见,而能与观察者时空坐标系产生关联的质能总是在减少。

永恒和轮回代表了人们对于美好生活的无尽追求。但是在科学研究中,只能被视作一种并不存在的理想假设,不能代表实际情况。引入了时间流逝效应后,存在的本体性就必然会在未来的某个时刻瓦解。但这种本体性也是某个时刻在某种效应的作用下产生的。因此,讨论存在的重心,会从描述和分析存在本身向分析背后的原因转变,即演化历史中,有关存在出现、湮灭及重大相变背后的推动因素以及造成的结果。

对存在与演化的探究,不仅是一个形而上学的抽象问题。它的研究对象其实是地球上的每处惊奇、每个生命,是人与人还有我们的智慧。讨论它们如何在时间的冲击下屹立不倒,最终又将去往何方。

3.2 基于耗散理论的系统观

普利高津出生于1917年的莫斯科,他是系统科学领域的先驱者之一,提出了耗散结构理论,解释了低熵系统为何能够长期存在。耗散结构理论还能帮助我们更好地理解自组织②现象,普利高津最终被授予了诺贝尔化学奖③。

耗散系统是开放系统的一种,与外界存在物质和能量的交换。在热力学第二定律的支配下,又能长期远离平衡态④。常规而言,系统内部的状态会自发地同质化,即熵增。假如一个系统要长期远离平衡态、维持低熵状态,就需要外界源源不断地向其输入能量和负熵流。

3.2.1 低熵系统的存在原理

熵增是时间流逝效应在电磁系统中的具体表现形式,是一个渐进的过程,而非

---

① 反德西特/共形场论对偶,反德西特空间是一种负曲率有限空间,可以对应一种共形场即一种无限维的局部共形变换群。
② 自组织是指混沌系统在随机识别时形成耗散结构的过程。
③ 1977年被授予诺贝尔化学奖。
④ 平衡态是指热力学系统在没有外界影响的条件下,各部分宏观性质在长时间里不发生变化的状态。

一蹴而就的。假如某一个环境作用可以对物质系统产生长期且稳定的影响,那么这个作用的能量输出就可以在一段时间内视作向系统输送了一个长期且稳定的熵流。

类比运动和速度的关系,一个保持匀速直线运动的物体,我们就认为它的运动状态没有改变①。

在热力学的研究中,有许多经典案例是针对这一问题的具体阐述。譬如有个一端在被不断加热,而另一端不断冷却的铁棒。无论时间过去了多久,铁棒的温度也不可能变得完全均匀,无法进入静态平衡及熵最大化的状态。另外,铁棒两端的温差又会长期保持在一个稳定的水平,热量从一端传向另一端的速率是稳定的。

动态稳定的形成原因,可以认为是环境中的某种基础不对称性向系统发生了转移,形成一个稳定的负熵流使系统进入了动态平衡。像是铁棒问题中,较热的那一端的额外热能能量来源于环境的能量输入。输入能量的水平高于环境的平均水平,铁棒才会形成温差。环境能量的不均匀性就是一种基础不对称性。

在自然界中,熵最大化的系统反而是一种极端的理想情况,是不可能真实存在的。从逻辑上讲,只有与外界保持一定交互的开放系统才有可能被观察的可能性。这样的系统多少与外界存在一些熵流的交互。如果要在现实问题中讨论熵增,就不得不考虑外界对系统输入的、长期稳定的基础性影响。

妥协后的新理论,叫作最小产熵生原理,由普利高津在玻耳兹曼熵方程,即式(2-29)的基础上推演得到。其核心思想可以理解为,系统在单位时间 t 变化的熵 S,即熵产生速率 p 会随时间不断变小[15],即

$$p = \frac{d_i S}{dt} \tag{3-1}$$

$$\frac{dp}{dt} \leq 0$$

根据最小熵产生原理,系统演化初期的熵,变化速率最大。然后会不断衰减,直至前后时刻的熵值相等,系统就进入了平衡状态。我们生活的地表就是一个非常典型的平衡开放系统。

套用耗散结构论的分析框架,我们可以将来自太阳的辐射当作一个长期稳定的环境影响因素。它以一个始终稳定的功率,源源不断地将能量投送至地表。只要太阳还存在,地表就永远不可能陷入沉寂。太阳对地表的辐射可以当作地表系统的基础熵流,因此地表系统适用最小熵产生原理,不会陷入熵最大化的那种绝对均匀的状态。

---

① 牛顿运动定律中的匀速直线运动。

熵流的载体也是物质存在，它的形式并非一成不变。在地表，来自太阳的辐射转变成了形式丰富的能量流动。造就了微风、云彩，还有参天大树。

经过了46亿年①的演化，今天的地表进入了最小熵产生的动态平衡。也有一些偶发事件会改变原来的状态，不过这些突发事件的影响也同样适用最小熵增原理，即非长期的影响因素产生的额外熵流会随着时间流逝的不断衰变，直至系统回归常态。

例如，有一颗陨石突然冲向了地表，在大气层中燃烧殆尽形成数千度的高温。这样的现象就注定是暂时的、不可持续的。随着的时间流逝，陨石燃烧造成的温度会不断冷却，最终停在室温，整个系统也就回到了最小熵产生的状态。

与熵最大化的绝对稳定不同。最小熵产生的动态稳定，并不意味着系统内部的平静，而是会始终存在一定数量的作用和事件。但是它们的总能量永远维持在一个特定的水平，并且依赖外部输入的补充。站在更宏观的视角来分析，新的状态量不可能凭空产生，因此系统只能作为环境状态量变化的中转机构。它向环境释放的熵流也同样来源于环境。

负熵流 dS_N/dt 指的是环境的不均匀因素输入了系统，形成了系统与整体环境的不均匀性。就好比环境中的某个高温热流将能量带至了一个固定的位置，这造成某个位置的温度高于环境的平均水平。而另一个项 dS/dt 则表示系统与环境自发的对称化过程。二者有着向一致化发展的倾向，随着时间流逝不断使熵增加。

假如系统外界存在某种长期稳定的影响因素，那么环境向系统输入的负熵流也会是相对稳定的，即

$$\frac{d^2 S_N}{d^2 t} \approx 0$$

负熵流不随时间发生变化。

克劳修斯对熵的定义是 $S = \dfrac{Q}{T}$，熵的变化量为

$$\Delta S = \frac{\Delta Q}{\dfrac{1}{T_2} - \dfrac{1}{T_1}} \tag{3-2}$$

式中：Q 为热能；T_1 为失去热能的物体的温度；T_2 为得到热能的物体的温度。从这一方程中可以看出，只有 $T_1 > T_2$ 时才能满足 ΔQ 和 ΔS 同时为正。

因此热力学第二定律的内涵是，低温物体无法自发地向高温物体做功，随着传热的发生，T_1 处物体的内能向 T_2 处物体转移，在等压条件下，两个物体的温差将

---

① 帕特森在1956年通过铅铀比例测定得出地球的年龄为(45.5±0.7)亿年。

会减小,即

$$\frac{d(T_1-T_2)}{dt} \leq 0, \frac{d(T_1-T_2)}{ds} \leq 0 \tag{3-3}$$

在热力学中,可以产生功的能量被称作㶲(exergy),反之,一切不能转换为㶲的能量称为㶲(anergy)即 $E = E_x + A_n$。

热力学运动使熵增加,物体间的温差减小,因此潜在的功㶲也减小了,即 $\partial E_x/\partial S < 0$。

我们定义一个新概念,能蓄水平 N_p,用来代表系统能量的有效水平,即

$$N_p = \frac{E_x}{H} \quad (E_x \in [0,1)) \tag{3-4}$$

式中:H 为系统的比焓(kJ/kg)。因此能蓄水平就是㶲占比焓的比例,在热力学问题中也与自由能占焓的比例相等,即 G/H。能蓄水平越高,则系统可以向环境释放的能量比例越高。

从一段比较长的时间看,在系统自身积蓄的势能增加的阶段,向外释放的熵流 dS/dt 会少于环境流入系统的负熵流 dS_N/dt。截留的部分转变成系统本体与环境的不对称性成长,也就是能蓄水平的成长,对称化过程和熵增的剧烈程度,通常随系统与环境的差异变大而增加①。具体的例子包括温势造成的热对流、化学势②造成的氧化还原反应等。这些作用过程的频度和烈度,均与系统有效能量的积蓄水平有关。熵越小,有效能量的积蓄就水平越高,熵流就越大,即

$$\frac{\partial \frac{dS}{dt}}{\partial N_p} > 0 \tag{3-5}$$

反过来看,式(3-5)也符合最小熵产生原理的基本规律,即熵越大,熵产生越小,能蓄水平越低。

假如系统的能蓄水平发生改变,那么物质团的组织形式也会跟着变化。通常来说,这种变化是渐进的。也会存在一些特殊的临界,一旦系统能蓄水平超过或者跌落这个临界,组织形态会发生质的变化。对于一个成长中的系统而言,随着能蓄水平的累积,它与环境之间的不对称性也在加剧。对称化速率和熵变速率也会同步变大,这就成了一种负反馈机制。

如果来自环境的影响因素稳定,那么向系统输入的负熵也是稳定的。随着时间的流逝,让系统成长的正向因素会保持不变。而使其瓦解的负向因素却会随系统能蓄水平的提升而变快。因此在环境因素不变的情况下,能蓄水平的增速必然

---

① 热力学第二定律。
② 吉布斯自由能对成分的偏微分,拥有自由能的化学物质可以自发地反应。

收敛于0,即

$$\lim_{t\to\infty}\frac{\mathrm{d}N_p}{\mathrm{d}t}=0$$

同样,当系统稳定后,环境向系统输入的负熵流,与系统能蓄耗散向环境输出熵流在数量上相等,即

$$\frac{\mathrm{d}S_N}{\mathrm{d}t}=\frac{\mathrm{d}S}{\mathrm{d}t}$$

某种意义上,在自然界中的物质系统都是基于环境中的作用产生的。演化过程往往很复杂,通常由多种因素共同塑造。在物质系统的内部,也会诞生许许多多的子过程和子系统结构。引入系统论的思想,我们首先可以将一个宏观系统的结构与熵流,视作不同区块、子系统之间独立状态的平均化;然后通过系综①阵列,就可以联立局部和整体之间的关系了。

假如宏观系统共有 j 个子系统结构,系统与环境间的能量流动即应是所有子系统对于环境的能量运动。

根据能量守恒定律,即

$$E_q = \sum_j E_{q_j} \tag{3-6}$$

当系统的能蓄增速收敛后,微观熵流组成的集合,即

$$\left\{\frac{\mathrm{d}S_1}{\mathrm{d}t},\frac{\mathrm{d}S_2}{\mathrm{d}t},\cdots,\frac{\mathrm{d}S_j}{\mathrm{d}t}\right\}$$

也将到达整体最大化水平。

如果环境对系统产生的影响是短期的,或是周期振荡②的。那么对系统而言,外界的能量输入就是不可持续的。一旦环境的能量输入中止,系统自身的能蓄水平就会随着时间的流逝而不断下降,最终在熵最大化原理的作用下走向衰亡,即

$$\lim_{t\to\infty}N_p=0$$

$$\lim_{t\to\infty}\frac{\mathrm{d}S_N}{\mathrm{d}t}=\frac{\mathrm{d}S}{\mathrm{d}t}=0$$

在宏观运动停止的一刻,系统的能蓄水平和自发熵变也将归0。

3.2.2 物质系统与时空脱耦的普遍联系

系统的存在与演化离不开环境的变化。从哲学的角度出发,所有的系统都可以被当作一种特殊的物质团。这个特殊的物质团与环境中的其他物质有某种质的

---

① 在一定的宏观条件下,大量处于各种运动状态的、各自独立的系统的集合。
② 物体做往复运动,或物理量作周而复始的变化。

区别,可以是物质团的共性状态,也可以是物质团的共性作用。

如果没有独特的状态或作用,那就找不到一个天然的标准将系统与环境区分开来。反过来说,这种可以被区别的特性就是一个独立系统的本体性或本征[1]。

系统的本体性,是它与环境的差异,即物质之间的不对称性。广义能蓄是一种量化系统不对称性的方法。它在数值上等于一个系统瓦解向环境释放的熵流之和。每个运动的系统,都有一定的能蓄水平,也正是它与环境状态的差异性造成了运动。而熵流的本质就是抹平这些差异,即对称化过程。

状态的差异性越大,能蓄水平就越高,对称化过程也就越剧烈。当一个系统与环境的差异到了可以完全地释放,该系统与环境的能量交换也就彻底终止了。不再能作为一个独立的、有本体性的系统,而是完全地融入环境之中。

在第2章中我们提到,时间流逝的本质就是宇宙中的物质与观察者时空坐标系发生脱耦。而熵增定律正是实现这一过程的主要推手之一。

无论一个物体看上去是什么样的,其本质都是物质和能量的聚集。一旦物质与物质之间出现了不对称性,混沌的物质粥就会转变为有形的系统进而被人类觉知。假如不对称的物质团与环境重新实现了对称化,那么有形的物质系统又会瓦解重新变回混沌的物质粥。

从某种意义上说,宇宙中的有形物体都可以看成物质系统。而且不同的物质系统,彼此之间必须有差异。在极其微观的尺度,我们有泡利不相容原理[2],有质量的物体即便再小,彼此之间的状态也具有本质的不同。

而真正实现了对称化的物质必须到达相对光速,它们是光子和黑洞。其相对时空状态满足式(2-6),对于观察者坐标系的宇宙时空而言是没有任何意义的,更像是一道虚幻的魅影。随着时间流逝,拥有不对称性的物体总是向着对称化和时空脱耦的方向演化,转变为没有具体形态的物质。

耗散系统的适用范围其实可以延展至宇宙中的每个物体。物质系统的演化必须遵循时间流逝的方向性,参与整个宇宙的对称化过程。所有的物质系统都具有不对称性,因此必然处于坍塌的过程中,或者通过某种形式实现了耗散。

一个能在环境中长期保持稳定的系统,其时空对称化过程就一定在其他的作用或机制中得到了替代和额外补偿。

1. 宏观物质系统的存在基础

在宇宙中,物质系统和相互作用的形式非常多样化。

在最宏观、最基础的层次。暗能量[3]正在驱使宇宙加速膨胀,它实现对称化的

---

[1] 本征即物质本身的特征。
[2] 在费米子组成的系统中,不能有两个或两个以上的粒子处于完全相同的状态。
[3] 暗能量是驱动宇宙运动的一种能量。它和暗物质都不会吸收、反射或者辐射光,所以人类无法直接使用现有的技术进行观测。

效率与两个物体的相对距离成正比。又因为宇宙的整体密度非常稀疏，物质的平均相对距离十分遥远，因此加速膨胀导致的对称化效应在星系团的时空尺度上效果是比较明显的。然而，随着距离尺度的变小，这种效应也会等比例地减弱。到了日常生活的时空尺度几乎就可以忽略不计了。

塑造我们所熟悉的世界的，是另一种宇宙尺度的宏观作用力——引力。它的作用方式和宇宙膨胀正好相反，非但没有使物质离散，反而将宇宙中的物质聚集到一起，形成星球、星系乃至更庞大的星系团和纤维状结构。

以暗物质为主形成的引力造成的物质聚集，是时间和存在理论中最难调和的问题。从直接的作用结果来看，引力并没有让宇宙空间变得均匀，反而是将离散的不对称性堆砌于一处。

这是物质运动最本质的规律之一。如果要让它变成一个从属于时间流逝和对称化过程的次级效应，就必须为引力造成的不对称性聚集找到耗散支撑。

基于认知和能力限制，完成这项工作的难度很大。但是一些已经观察到的宇宙结构和现象，或许已经昭示了引力耗散的潜在机制。

仅仅是作为一个猜想，像是牧夫座空洞①这样的宏观宇宙结构，很难在当今的宇宙学模型中得到解释。同时，对哈勃常数的测定也遇到了困难。或许和理论预言的情况不太一样，尽管整个宇宙的膨胀可能是各向同性②的，但是不同区域的膨胀速度不完全均匀。

基于这样的设想，就可以将大尺度的宇宙空洞看作是异速膨胀导致的。这种局部的异速机制还可以和引力发生某种交互。比如宇宙空洞的膨胀速度更快，同时也将星系和星系团挤压得更加织密。

如果能在宇宙空洞中观察到更快的膨胀速度③，那么不仅能解释宇宙空洞的形成之谜，还能解释引力作用中星系质量不足的暗物质问题，也为宇宙常数的计算和引力的重整化提供了线索。

尽管引力在星系尺度上使物质聚集，但是在更大尺度上，宇宙空洞可能使宇宙膨胀的效果加速。

另外，引力将大量的具有不对称性的物质聚集在一起，我们熟悉的电磁作用才有了用武之地。从逻辑关系上看，电磁作用可以在一定程度上解决引力的遗留问

---

① 牧夫座空洞是宇宙中一个非常巨大、几乎没有星系存在的区域，是已知的空洞之一。牧夫座空洞也是已知的最大空洞之一，平均每一千万光年才有一个星系。

② 各向同性指物体的物理、化学等方面的性质不会因方向的不同而有所变化的特性。

③ 宇宙宏观尺度的观察结果，与人类的神经网络的构型高度相似。构型类似，很可能是背后的作用机理有相似之处。人类的神经网络，需由胶质细胞供养，神经网络空洞处，是大量提供养分和支撑作用的胶质细胞。由此为启发猜测，宇宙中的有形物质形成网状，很可能是因为需要无形的宇宙空洞那里获得"供养"。而时空膨胀恰好能够提供充分的无关化效应，用于支撑引力作用和网络状的星河结构。故而推测，引力-宇宙空洞，可能是宇宙膨胀的一种复杂组织形式。

题,使大量堆砌的、具有不对称性物质能够以更高的效率对称化,在时间流逝的框架下一并讨论。

2. 星球演化的普遍形式

对于人类的日常生活而言,尺度最庞大的物体就是星球了。

用对称演化的范式来分析的星球,参照式(2-21),系统在宇宙空间中的不对称性也能用质能来标度,即

$$E_u = E_m + E_k$$

对于物质系统而言,决定其规模和形态的因素可以分解为导致物质集中于中心的聚合因素即广义聚合力,还有使物质离开中心的广义离散力。在天体的具体问题中,引力指向天体质心是一种聚合力,也是形成天体的主要规范效应力场。另外,天体内部的电子简并压力与引力拮抗阻止物质继续向质心坍缩,是一种广义的离散力,简并压力是一种短程力。而在天体的宏观尺度上,微观粒子的本征速度 v 会使它脱离引力控制,向宇宙空间逃逸。引力和动能相互拮抗,当引力作用耗尽动能时,粒子就会被星球捕获。

绝大数天体①在形成早期捕获物质的速度是最快的。而随着轨道环境中物质密度的降低,捕获新物质会变得越来越难。另一方面,没有新物质的质能补充,也就没有足够的负熵流来补充天体的能蓄水平,只能随着时间的流逝不断衰变。直至跌落某个临界水平,原有的形态无法维持,出现质变。

以太阳为例,当氢气燃尽,太阳就会迅速膨胀,变成红巨星。氦燃尽后,又会发生爆炸,坍塌成白矮星。

根据天文学的研究,宇宙中已经被观察到的星球可以分为不发光的物质星球(包括行星和卫星、发光的恒星),以及大量物质坍缩后形成的致密天体②。这对应了星球尺度的物质发生时空脱耦的三个主要阶段。

第一个阶段,是通过电磁作用耗散引力势能的阶段。

例如,陨石冲击地球,就会将重力势能的能蓄通过电磁作用转变为光和热。在地球的深处同样有着丰富的地热能,也是早期的天体兼并运动遗留下来的。微观的电磁作用越是频繁,宏观意义上的温度就越高,而温度则决定了黑体辐射的效率。因此引力聚集的物质越多,被释放的重力势能也就越多,具体对应的星球辐射的功率和最终辐射总量也会增加,即式(2-33)。

在这一阶段,主要的拮抗关系是电磁运动的动能和引力的重力势能。而电磁系统的耗散可以看作引力或其他聚合作用的高级过程。没有物质的聚集,电磁系

---

① 不包括蓝离散星,蓝离散星能够吸收其他恒星的物质维持形态。

② 致密天体是指简并物质组成的星球,简并物质是密度极高的物质,这是由于泡利不相容原理妨碍组成粒子占有相同量子态,强迫许多粒子进入高能量子态,而显示简并压力,使密度增大。简并物质有白矮星、中子星、奇异物质、金属氢和黑洞等。

统就不会出现,电磁效应也就没有用武之地。将积蓄的重力能蓄被转变为电磁波形式的对称能量,加速了宇宙对称化过程。

第二个阶段,是通过电磁作用耗散一部分静质量的阶段。

假如星球的能量密度太高,就会突破原子核发生链式反应的最低阈值。这意味着星球核心超强的引力作用,或者是超高的粒子平均动能,超越了原子内部的部分规范效应力场。尽管更加强大的简并压力[1]还在与引力或动能抗衡,但是原子结构已经开始发生形态变化,让原子核相互简并,形成更高级、更庞大的结构,同时将一部分质量转变为光速粒子。

以氢氦聚变为例,聚变的过程会将约7‰的质量,通过核辐射的形式释放到宇宙空间。核聚变过程会提高物质的对称性,把遵循泡利不相容原理的费米子转变为更加对称的玻色子[2]。而恒星之所以可以长久地点亮星空,就是因为其内部存在核聚变作用。其辐射效率远远超出木星这些单纯的物质团,而更高的辐射效率也同样意味着更快速的对称化。

第三个阶段,也是引力作用的终极形式,质能全部坍缩为奇点。

当恒星的质量大于太阳的3.2倍时,那么核聚变进行到一定程度后,连中子的简并压力也不能与引力抗衡,原子核会彻底坍缩。物质的密度上升到足以满足史瓦西解,即式(2-26)。此时,整个物质团会自发地向奇点坍缩,形成黑洞。

从时空对称化的视角来看,黑洞的事件视界和可观测宇宙的边界是等效的。对于距离比较近的物质而言,坍缩成黑洞比被膨胀拉散消耗的时间更少。因此黑洞也可以看作是一个宇宙级的对称化涡旋。

物质系统只要存在,就必然会与任意观察者坐标系的宇宙发生对称化。而星球演化的三种组织形式,形成了一环套一环的次级衍生。电磁作用释放重力能蓄,是能级最低的基础形式。当静质量密度足够大就能突破电子简并压力形成核聚变。当简并物质的密度足够大,就能突破中子简并压力,使奇点诞生。最终,物质系统的时间矢量与整个宇宙的时间矢量正交,发生了时空坐标的脱耦。

物质系统发生的时空耗散形式与它不对称性的聚集程度相关。不对称性在规范作用的效应下聚集。而不同对称化形式的本质是综合代价与收益,为物质团的时空不对称性提供一个快速的对称化通道。广义的能蓄水平就越高,能够约束它们的规范效应就越少,物质的组织形式也就越简单,也带来了更高效的时空对称化形式。

---

[1] 包括电子和中子简并压力。

[2] 玻色子是遵循玻色-爱因斯坦统计,自旋量子数为整数的粒子。玻色子不遵守泡利不相容原理,多个全同玻色子可以同时处于同一个量子态,在低温时可以发生玻色-爱因斯坦凝聚。

3.3 宏观系统的建构

日常生活中,我们能够遇到的每个物体都是更微观的物体组成的集群。宏观系统的演化,也可以理解成微观的集群运动的变化。

宏观系统与微观系统的关系并非一成不变的。随着演化的进行,系统的规模水平可以有所成长,也可以走向衰败。此消彼长之下,两者之间的统辖关系甚至有可能在演化中颠覆。

3.3.1 宏观系统的内部构成

在宇宙的起点和终点,有形的物体是无法存在的,因此任何一个物质系统都会经历从出现到消亡的生灭过程。

通过将三个要素组合成范式模型,我们能拥有一种可以随时间改变的,并由微观系统建构而成的宏观系统。这三个要素分别是状态中心、规范效应力场和作为宏观系统元素的次级结构。这套模型的底层哲学思想类似于中国古典哲学中的阴阳。

物质先以一个具体坐标为中心聚集成系统。它的持续活动要以时空不对称性的耗散为代价,如果无法实现环境的替代耗散,那就只能降低自身广义的能蓄水平。等到能蓄释放殆尽,系统也就沉寂了。

如果环境向系统输入的负熵流长期且稳定,那么能蓄就会逐渐增加至系统饱和。在系统内,导致微观结构聚合的因素和导致微观结构离散的因素首先会分出高下,然后形成一个整体的规范效应力场。系统的规范效应力场能够改变微观结构的运动倾向,使微观结构停留在系统中。当微观结构的集群运动不再发生本质变化,开放系统就进入稳定状态了。就像是阴阳合和,有形的物体源自混沌的物质,在阴和阳对抗中孕育而生。

尽管每个微观结构的子系统都具有个性,但数量庞大的子系统形成的集群对宏观整体产生的影响是比较稳定的。像是一根手臂粗细的铁块,铁原子数量将会超过 10^{21},每个铁原子的内部还包含了 56 个质子和中子。在铁块内微观过程的数量很大、周期也很快,在大数定律的影响下,某一次微观运动的个性化因素很有可能被另一次相反的运动抵消。因此在分析整个铁块时,只需考虑平均结果而无须讨论个性化的具体过程。根据类似的思想发展出了平均场论。子系统的微观作用也被称作微涨落,对全局影响是微小到可以忽略的。

假设子系统 a 拥有三个自由度①。既可以是三维空间的坐标,前后、左右、上

---

① 自由度指的是计算某一统计量时,取值不受限制的变量个数。

下,也可以是热能、电能、重力势能。我们就可以将这个子系统的状态设为状态集 a,即

$$a = \{X_a, Y_a, Z_a\} \tag{3-7}$$

作用维度应具有规范对称性,可以通过规范场实现等效计算,然后,将宏观耗散系统设作集合 N_A,由全部 i 个子系统聚合而成,即

$$N_A = \{a_1, a_2, a_3, \cdots, a_i\} \tag{3-8}$$

系统 A 同样有三个自由度,我们将它的状态设作状态集 A,分别取所有子系统在各个维度的平均值,即

$$A = \{X_A, Y_A, Z_A\} \tag{3-9}$$

$$X_A = \frac{\sum_i X_{a_i}}{i}, \quad Y_A = \frac{\sum_i Y_{a_i}}{i}, \quad Z_A = \frac{\sum_i Z_{a_i}}{i}$$

微观系统的细粒化程度,要以宏观系统作为分析中心,根据实际情况来判断。子系统的差异性是描述宏观系统的核心要素,差异度越小,宏观系统的整体性就越显著。若要衡量这种差异性,可以通过几个步骤来实现。

首先以宏观系统的质量中心作为唯一坐标系,先求出子系统在 X、Y、Z 三个正交维度上与平均状态量矢量差,即

$$\Delta X_a = |\overrightarrow{X_a X_A}|, \quad \Delta Y_a = |\overrightarrow{Y_a Y_A}|, \quad \Delta Z_a = |\overrightarrow{Z_a Z_A}| \tag{3-10}$$

然后再将这些矢量差求和,可以得出子系统的状态集 a 与宏观状态集 A 的离差数值 ε,即

$$\varepsilon_a = \sqrt{\Delta X_a^2 + \Delta Y_a^2 + \Delta Z_a^2} \tag{3-11}$$

随着宏观系统的演化,离差数值 ε_a 也会不断变化。对时间求导,就可以得出子系统状态离差数值 ε_a 的变化率,能够直接反映子系统与宏观系统中心的变化关系。

当 $\dfrac{d\varepsilon_a}{dt} > 0$ 时,子系统正在远离宏观中心;

当 $\dfrac{d\varepsilon_a}{dt} = 0$ 时,子系统正与中心保持稳定;

当 $\dfrac{d\varepsilon_a}{dt} < 0$ 时,子系统正在逼近宏观中心。

将子系统离差变化率综合起来就能衡量宏观系统的发展趋势 ε_A,后用 ε 指代,即

$$\varepsilon = \frac{\sum_i \varepsilon_{a_i}}{i} \tag{3-12}$$

$$\frac{d\varepsilon}{dt} = \frac{\sum_i \frac{d\varepsilon_{a_i}}{dt}}{i}$$

如果大部分子系统都呈现脱离倾向，即 $\frac{d\varepsilon}{dt} > 0$，那么宏观结构也将走向混沌。相反，如果大部分子系统都向宏观中心移动，即 $\frac{d\varepsilon}{dt} < 0$，那么宏观结构也将呈现出聚合倾向。

根据场论思想，每种过程的背后都有相应的力场在作用。从结果出发，让子系统向中心运动的力，可以认为是一种聚合力 F_R；让它向外部运动的力则可以当作离散力 F_L。同时，所有微观结构的受力还能简并为一个宏观合力，即系统受力 F_A。它会让宏观结构的中心向某个状态转移。这种全局合力和聚合力对子系统的控制，也可以视作全部子系统的平均场。

假设一个宏观结构中一共存在 j 种作用。则系统内规范微结构运动的场有 $\langle S_f \rangle = \{\langle S_{f1} \rangle, \langle S_{f2} \rangle, \cdots, \langle S_{fj} \rangle\}$。一个微结构受到的效应力 F_S，等于全部 j 种作用力的加权矢量和，即

$$F_S = \frac{m_1 F_1 + m_2 F_2 + \cdots + m_j F_j}{m_a} \tag{3-13}$$

式中：m_j 为具体作用影响权数；m_a 为微观系统的整体质量。

例如 50% 的子结构带正电，受到电磁作用 F_1，全部子结构又受到重力 mg 的影响，就可以根据密度和力场求积分来做整体计算。对具体作用的矢量 F_j 和合力矢量 F_A 求点积，可以量化这一作用对于耗散结构的贡献，判断它究竟是聚合力还是离散力，即

$$\begin{cases} F_j \in F_R(F_j \cdot F_A > 0) \\ F_j \in F_L(F_j \cdot F_A < 0) \end{cases} \tag{3-14}$$

式中：点积大于 0，则 F_j 属于聚合力 F_R；点积小于 0，则 F_j 属于离散力 F_L。

聚合与离散因素是对驱动作用的抽象概括。在具体的应用中，同一种力可能对于不同的微结构产生相反的效果。比如正负电荷在电场中的运动方向就是相反的。当聚合因素大于离散因素时，来自宏观系统的规范效应力场 $\langle S_f \rangle$ 就是有效的，能够对微观结构形成约束，在数量上等于聚合力和离散力的矢量和。

规范效应力场的本质是让系统中的不对称性得到组织，进而形成某种服务于时空对称化的耗散结构。系统组织形式会随着能量的积蓄水平不断变化，在高能环境中，能级较低的规范效应力场会失去作用能力。究其根本，是综合效益与代价，让物质的时空对称化速率维持在一个合适的水平。

3.3.2 微观结构的宏观化建构

"风起于青萍之末,止于草莽之间。"这是一句源自战国时代的古老谚语。它描述了风的一生,先是从青萍这样微末之处兴起,逐渐呼啸为劲猛彪悍的狂风,跨越高山与丛林,用尽全部的能量。意指世事的无常变化,一些最初看起来很不起眼的东西,在时间和规律的加持下也能逐渐形成惊人的宏观影响力。

现代科学中,我们将这种现象称为蝴蝶效应或者临界巨涨落。宏观的系统可以被视作微观结构的集合,而集群中的微观结构的演化和迭代却在本质上决定了宏观系统的演化。

对微观结构的研究和表达是比较困难的。这是因为人类的认知能力主要针对和我们相近以及稍大一些的尺度。如果被观察的物体小于 0.01mm[①] 或大于 10km[②],那么人类的直观和感性就不太可靠了,只能通过个体经验和抽象符号进行分析,弥补直观感受和知觉的不足。

非常遗憾的是,人和人的思维方式千差万别,抽象思维总结出来的知识往往是极不准确的。这导致不同的人对于同一个抽象概念的理解可能会出现很大的分歧。单是研究地球的形状,我们就争论了成千上万年。至今仍有大量的现代人相信地球是平[③]的。微观结构上研究也是如此。数千年前就有人提出,万物皆由原子构成;另一些人则认为物质无限可分。两派人争论不休,直至 21 世纪的今天,也没人能准确地回答这个世界的微观基础是什么样子。

近年来得到了广泛发展的演化方程和重整化群思想,在微观和宏观之间成功地修筑了一座桥梁,并在实际运用中取得了广泛且巨大的成功。我们先来看一下这两套理论是什么样子,再将它与对称化和耗散的核心思想结合起来。

1. 微观结构的演化方程

演化方程的数学形式很简单,即

$$x_{t+1} = f(x_t) \tag{3-15}$$

式中:$f(x)$ 为微结构 a 的迭代方程,每经历一个 t 的时间,a_t 就会根据迭代方程中的关系,迭代成 x_{t+1}。

由于直观认识能力有局限性,我们一般用最简单的办法求解迭代方程。这种方法叫作正交多项式展开[16]。将迭代方程设作 N 个高阶方程组成的级数,让它逼近真实函数,即

$$y = \alpha + ax^2 + bx^4 + cx^6 + \cdots \rightarrow f(x) \tag{3-16}$$

---

① 眼睛的对焦能力,对于小于头发丝的物体不太有效。
② 双眼视差法三维感,对于 10km 以外的物体不太有效。
③ 眼睛很难在地球上测度地球的曲率,因此欧美地平论盛行。

在我们掌握合适的工具前,系统的内部作用就像是一个无法被分析的黑箱①。正交多项式的分析方法,不需要我们理解微观实际的微观作用和结构就能实现数学建模。只要把观察得到的结果数据代入模型,再调整方程各个参数(即 $a, a, b, c, \cdots$)的数值,让它们逼近观察结果即可。最终模型的准确度,取决于采用的数学方法和超级计算机的运算能力。

假如求解的问题涉及不可逆过程,就可以引入 x^3 这样的奇次项。这样一来,正数和负数的输入值会产生不同的输出。在此基础上调参,就可以得到时间反演不对称的演化方程了。

如果是针对波的分析,就可以采用傅里叶级数展开的分析方法。多项式的设计是比较灵活多变的,设计原则是从运算的角度出发,让函数以更高的效率逼近客观规律。如果微观结构在好几个维度同时变化,那么就可以将演化方程扩展为广义齐次多项式展开,如一个二阶的广义齐次方程 $f(x,y,z)$ 展开,即

$$f(x,y,z) = a \cdot x^2 + b \cdot y^2 + c \cdot z^2 + d \cdot xy + e \cdot xz + f \cdot yz \quad (3-17)$$

若要求解一个方程迭代 n 次后的变化,可以在式(3-15)的基础上对迭代方程 $f(x_n)$ 做 n 次嵌套,即

$$\frac{\partial f^n(x)}{\partial x} = \prod_0^{n-1} \frac{\partial f(x)}{\partial x} \quad (3-18)$$

对演化方程的一阶导数做连乘,即可得出迭代以后的演化方程。与多项式展开结合的演化方程可以使用大量数据来逼近真实的演化过程,是一种逻辑简单且用途广泛的数学方法。

2. 微结构的重整化

演化方程描述了单个微结构的迭代,再将所有的微结构组合成一个集合,就能从中提取出一些宏观量进而建构宏观系统的演化方程。这一方法叫作重整化。

重整化还需从微结构的演化方程开始,可以将式(3-7)作为例子,$a = \{X_a, Y_a, Z_a\}$,X_a、Y_a、Z_a 之间的具体变换过程,可以参照规范场理论。不同的状态量之间有着复杂的关联关系,使微结构的性质在不同作用的拮抗②中得到稳定。

例如,在关于电子的描述中,当电子体积缩小,电磁作用就会变强,静质量会随着电子体积 X_a 的缩小而同步减小。另外,质量的减少还会削弱电子的能量,进而阻止电子之间相互作用的进一步增强。

这种交叉的拮抗作用,形成了电子体积的最大和最小极限,既不让静质量降至零,也不让电磁作用升至无穷。

---

① 黑箱是我们只能得到它的输入值和输出值,而不知道其内部结构的系统。

② 引力由于缺乏拮抗机制,因此无法重整化。引力的作用强度反比于距离的平方,在量子力学的研究尺度上,引力会出现无穷大,影响了大一统理论的建构。

将大量可重整的演化方程放在一起,就可以组成重整化群。再对重整化群做粗粒化,就能把大量的微结构看成一个整体了。反过来也能推算每个微结构对整体的贡献。

从任意微结构的角度出发,宏观系统的运动赋予它们一个确定的演化方向。在数学上体现为,大数定律的作用导致了大量的随机运动发生了系统性的均值偏移,因此,微结构演化方向的平均值也代表了宏观系统的演化方向,即式(3-8)中的状态量 A'。

微结构 a 自身的广义动能 E_{ka} 和运动状态,会导致其在动能耗尽之前,总是以一定程度偏离宏观系统的平均值。假设这种状态偏移在三个自由度上同步发生,微结构就会以 $P(x,y,z)$ 的概率分布在以宏观系统中心 A' 为原点的数学空间中。对一个内部作用稳定的开放系统,微观结构的运动,会被宏观系统的规范效应力场 $\langle S_f \rangle$ 形成的规范效应 F_S,拘束在一个固定球面的边界 r 以内。

在边界 r 上,微结构的动能全部转化为广义能蓄,无法运动到更远。因此微结构状态量分布的可能性,可以看作一个封闭的概率空间,即

$$\oiiint_0^r P(x,y,z) \mathrm{d}V = 1 \tag{3-19}$$

考虑到宏观系统具有确定的状态中心,只要结合微观结构 a 的偏移情况,就能得出它向着一个确定的状态量 α 演化的概率 P_α,由微结构的演化方程和前一个时刻状态量 a_{t-1} 计算得到。

假如宏观系统 A 中一共有 i 个微结构,那么微结构 $\{a_1, a_2, \cdots, a_i\}$ 向着宏观状态量 $\{A_1, A_2, \cdots, A_\alpha\}$ 演化的概率可以看作一个确定的概率集合。而某个宏观状态量 A_α 的出现概率,是微观结构概率的重整化函数,即

$$P_{A\alpha} = R_i(P_\alpha) \tag{3-20}$$

根据热力学的运动原理,微结构的数量越多,在宏观系统中心聚集的元素比例就越大。在大数定律的作用下,宏观系统的演化结果会从概率空间向着某个确定的值收缩,即 i 趋于无穷时,P_{A_α} 趋近于 1 或者 0。

基于重整化群的方法,我们就能比较容易地将微观和宏观的系统演化整合起来了。

3.4 系统演化的临界问题

研究系统演化的主要难点在于,其作为独立个体的本体性会不断发生变化,而人们对它的思考,以及描述它的言语或数学工具只可能是静态的,因此也产生了局限性。

随着时间的流逝和系统的不断演化,大部分理论模型的精度会变得越来越低,

直至完全失去可靠性。其原因是自然界中广泛存在的临界相变,当演化方程进入某个更大或者更小的尺度时,一些之前无须注意的因素会逐渐开始发挥作用[17]。

例如,伽利略速度叠加定律在高速运动中就会失准。随着速度增加,叠加定律的误差会越来越大。由此便有了洛伦兹变换,虽然暂时地解决了问题,但是在遇到宇宙大爆炸这样的极端场景时,理论模型又不太管用了。直至今天,科学家也未能准确地算出宇宙膨胀哈勃常数 H,甚至未能证明它是否是一个常数。此类临界相变问题,是横在现代科学体系面前的一座大山,现有的路径几乎没有解决这些问题的可能。

随着技术的进步,临界和相变造成的麻烦变得越来越多。我们总会触碰到一些以前从未接触过的边界,它们与人类生活的尺度相去甚远,物质的组织形式也与日常生活中的物体区别巨大。

要想预测临界相变的发生也不是那么容易的。这是因为,相变产生的新效应对相变前的结果几乎没有影响力,也就很难被观测到。或许在遥远的未来,科学家研究了大量的相变现象以后,能够从中总结出一丝规律。但就现在的实际情况而言,唯一能做的是将根据模型的普适性设置一个合适的标度范围①。从而限制演化方程和重整化群的适用对象,让它们在合适的场景下发挥作用。

3.4.1 临界相变与对称性破缺

物质系统演化规律发生改变的深层原因,其实是对称守恒律的失效。随着系统的演化,内部的各种参数和变量也在改变。一旦数量的积累突破了原先的拮抗关系,就会引发质变并造成对称性破缺。对称性发生变化的具体坐标位置,即临界点;突破临界对系统组织形式造成的影响,即相变。

通常情况下,低熵物质系统与环境的不对称性较强,蕴含更多的有效能量,能够组织成更加多样化的形式。而高熵系统中物质和环境中的物质差异较小,系统相对于环境的运动形式也较为低级。

随着系统的能蓄水平降低,某些高效的耗散形式会在对应的临界点土崩瓦解。而一些原先无法发挥作用的效应也有可能突然显现,形成全新的耗散形式。例如,铁磁体的伊辛模型②就是一个很好的例子。

在高温状态下,铁原子间频繁碰撞结构很不稳定。此时,铁磁体是顺磁相,磁矩为 0,即

$$M_A = 0$$

然而,低温状态下的铁相对稳定,磁矩的不为 0,拥有自发磁化作用 M,即

---

① 由标度始点值与终点值所限定的区间。
② 伊辛模型是一类描述物质相变的随机过程模型。

$M_A \neq 0$,温度越低自发的磁化就越明显,这种作用也称铁原子的交换耦合作用,能让它们组织成排列方向相同的磁畴,形成磁矩 M_A。同时,根据铁原子的自旋状态 M_a 与磁矩的区别,就会形成微观作用力 F_a,作用力的大小取决于两个场作用方向的交角,即

$$F_a = f(M_A, M_a) \tag{3-21}$$

自发磁化的强度与温度的关系很大。温度越高,铁原子的微观动能就越强,磁畴剩磁产生的影响能力就越弱。如果铁块的温度升过铁磁矩的居里温度 T_c,原先的序参量①就会完全消失,让铁原子朝着确定方向演化的规范效应力场也就无法发挥作用了,这种相变形式也称连续相变。

居里温度导致相变的原因,是磁畴和磁矩形成的规范效应即交换耦合作用 F_a,与微观动能 Ek_a 的拮抗关系发生了变化。规范效应 F_a 无法在微观动能较大的情况下约束铁原子,导致磁畴无法形成,即

$$\int_{La_{t_0}}^{La_{t_\infty}} F_a \, dLa_t < Ek_{a_{t_0}}$$

式中:La_t 为微结构即铁原子 a 对于交换耦合力场的当前状态位置;La_{t_0} 为微结构 a 的初始状态位置;$Ek_{a_{t_0}}$ 为微结构 a 的初始动能;La_{t_∞} 为力场的终末位置,在发散的力场中指向无穷远,在磁矩的具体案例中,终末位置是相反角度 π;微观规范效应 F_a 是一个随微结构 a 在力场中位置变化的量。

总体来看,本式的含义指,如果微观结构不受规范效应约束,那么对微观结构脱离规范效应力场的运动过程求规范效应力的积分,可以得到脱离系统所需的功,所需功应小于微结构自身的动能。

对于系统而言,在低温状态下,铁原子自旋与磁矩 M_A 存在交互,因此不同的自旋状态有着本质不同。而随着温度的升高,最终超过居里温度,更频繁的内部运动打破了物质状态的集聚。即微观电磁状态的集合 $M_a^* = \{Ma_1, Ma_2, Ma_3, \cdots, Ma_i\}$ 在形成磁畴的这个尺度下,从不等价变成了等价,从不对称变成了对称。相反,一旦磁畴出现,铁原子的自旋方向就会从随机转变为确定,前一秒和后一秒不发生改变。以磁畴作为参考系,即对于集合 M_a^* 的任意元素有

$$M_{a_t} = M_{a_t+1} = 0 \tag{3-22}$$

均成立。

当整个铁块的铁原子前一秒和后一秒的状态都不发生变化了,自发的磁化也就结束了。

在铁块中,磁畴的形成是多点散布的,形成后的磁相不具备同一性,因此整个铁块不会表现出磁性。如果是比铁元素的剩磁更强的物质,或者是处于一个很强

---

① 有序参量是描述与物质性质有关的有序化程度和伴随的对称性质。

的磁场中,磁体就会表现出一种整体的磁性。这是因为对磁畴施加一个宏观性的力,就能让随机形成的磁畴方向转变为有序的,或者将无序的磁畴纠正为有序的。

自然界中类似的案例还有很多,如压力高于一定的界限后,物质的三态变化就会出现对称性破缺,气态液态不再有分别,而是形成超临界流体①,超低温的介质会产生超导②现象等。随着时间的流逝,系统的内部环境将不可避免地改变。

在每次演化规律的质变背后,都能找到某种对称守恒律的作用变化。因此,科学理论对物质系统的任意描述,都只能在特定的标度范围内保持正确。

3.4.2 规范临界

规范效应与微结构动能的拮抗关系能解释绝大多数相变。

由于微结构拥有动能,比较弱的规范效应是很难发挥作用的。假如环境中的物质动能普遍超出逃离系统所需的动能,那么就算存在一定的规范效应力场,系统也无法捕获任何的子系统结构。

比如在铁磁问题中,我们就可以将形成宏观磁体的组织力视作一种比较微弱的规范效应力场。在高温状态下,让铁块形成磁畴的倾向依旧存在,但是由于规范效应力场太过薄弱,无法约束运动过快的铁原子。然而温度降低后,铁原子又进入了规范效应的控制范畴,形成了自组织。又如超导、超流,都可以用比较虚弱的规范效应力场来解释。

一个自然系统可以受多个维度的状态中心共同规范。假如宏观的温度,即微观结构的平均动能发生了比较显著的升高,那就很有可能造成宏观系统规范中心的失效。相反,假如温度降低得比较显著,隐藏的规范效应力场也有可能突然发挥作用,进而形成新的状态中心。

3.4.3 尺度变换与对称性破缺

宏观系统与组成它的微观结构相比,规模是无比巨大的。然而在不同的尺度下,发挥作用的物理规律却不太一样。在宏观尺度可以想当然的事情,到了微观尺度可能就完全不一样了。只不过在大数定律③的作用下,个性化的微观事件也很难对宏观系统造成什么深远影响。因此,这种对称性的差异也就很难在宏观系统中感受到。

假如一个系统在演化历程中发生了剧烈的规模或能级变化,那么它极有可能在不同的尺度经历过不同的物理规律,拥有演化历史的对称性破缺。

---

① 高于临界温度和临界压力以上的流体是超临界流体。超临界流体处于气液不分的状态,没有明显的气液分界面,既不是液体也不是气体。

② 超导是指导体在某一温度下,电阻为零的状态。

③ 大数定律是指在随机事件的大量重复出现中,往往呈现几乎必然的规律。

在量子力学中,物质系统的交互就有着两套截然不同的规则,即物质的波粒二象性。这也在一定程度上昭示了对称性破缺和它产生的影响。光的波粒二象性最早是由爱因斯坦提出的,再由德布罗意扩展到常规物质,即物质波①理论。微观物质平时会通过波的形式组建宏观系统,而发生具体作用的时候,又会转变为具有本体性的微粒。哥本哈根学派在此基础上发展了量子力学,它们将微观物质的本质定义为概率波。

不过爱因斯坦和德布罗意却极力否定这种观点。反对的主要原因是,当概率论与本体论结合以后会形成极为荒诞的结论,如一只既死又活的猫。这样的结论与人们的直观认识和日常经验相去甚远,显然是不能令人满意的。要么是理论错了,要么是缺失了某个环节。

站在宏观世界的角度,微观的物质平时以波的形式发生相互作用。一旦某个微观结构与宏观世界直接搭上关系,又会立刻坍塌为微粒。

波粒二象性得到了包括电子双缝干涉实验在内的许多著名实验的验证。但是关于它的原理,却一直没能得到很好的解释。这也是物理理论中最显眼的缺失之一,困扰着每位科学爱好者。

1935年,由薛定谔②设计"薛定谔的猫"理想实验,能够帮助我们直观地理解这一难题。假如有一只猫关在铁盒子里,无法逃脱。铁盒子里还有一些具有放射性的镭原子。镭的衰变是一个纯随机的过程,具体可以参考式(2-16)描绘的放射性衰变模型。某个时刻衰变的概率是一定的,但是预测某个原子的具体衰变时刻不可能办到。在镭元素的旁边,还放了一台盖革计数器③,其作用是检测镭原子。若计数器探测到镭原子的衰变活动,就会激活一个开关,推动一把锤子敲碎含有剧毒的氰④化物,杀死猫。

根据量子力学的态叠加原理,镭原子的状态应该做矢量叠加,镭原子同时处于衰变和未衰变的状态,两种状态都会对结果产生影响。只要人观察镭原子,那么状态的矢量叠加就会坍塌为概率叠加。也就是说,只要去观察镭原子就能得知镭原子是否已经发生了衰变。它要么衰变了,要么没有衰变,不存在模棱两可的状态。

而盖革计数器和配套的机械装置,则将镭原子衰变和猫的生死联系在了一起。在这一逻辑框架下,如果不看猫,猫就是半死半活。而在观察猫的瞬间,猫会从"僵尸"状态复活,抑或死亡。

从因果逻辑的分析得出结论,观察行为可以决定猫的生死。这个结论显然是

---

① 函数为概率波,它的模方指空间中某点某时刻可能出现的概率密度,其中概率密度的大小受波动规律的支配。
② 奥地利物理学家,量子力学奠基人之一,1933年获诺贝尔物理学奖。
③ 一种专门探测电离辐射(α粒子、β粒子、γ射线和X射线)强度的计数仪器。
④ 特指带有氰基(CN)的化合物,其中的碳原子和氮原子通过叁键相连接。

违反自然科学基本精神的。

根据日常生活中的观察,猫要么是死的,要么是活的,不可能既死又活。量子力学的创始人玻尔①同样持反对意见。他认为,在观察者打开盒子之前,猫的死活就确定了,而决定它生死的,是控制剧毒物质的盖革计数器[18]。

但是,以爱因斯坦为代表的一派人并不认同这一观点,并且援引此例提出了 EPR 佯谬②,试图说明量子力学的不完备性。而缺失的一环就在于,量子力学没能解释观察者究竟是什么,观察者效应③是怎样形成的,又为什么会造成概率波坍塌为粒子。

还有一些量子力学专家提出了平行宇宙诠释④。他们认为猫可以拥有一个既死又活的状态,打开盒子的时候,一个大宇宙分裂成了两个平行宇宙,实在是让人脑洞大开。

1. 跨尺度造成的对称性变化

量子力学对于亚原子粒子的解释是非常成功的,但是在遇到薛定谔的猫悖论这种跨尺度问题时,将系统的对称性变化纳入模型可能更有说服力。

量子力学是一套基于对称性建立的理论。它根据物质世界中不同形式的对称守恒律设计等效公式。其整体数学框架则将一个微结构的不同的状态量整合在一个同数学空间当中,这个数学空间也称微结构的本征函数[19]。不同的状态量以概率的形式同时存在。而本征函数可以通过重整化群的规范对称性实现幺正变换,即状态量依据守恒律实现相互之间的转换。

人类的感性直观和微观世界的实际规律往往是不太一样的。例如,电子的能级就很难通过直观来想象。我们可以按照半径 r 来绘制一个球面,将这个球面作为电子的运行轨道。从直观上理解,球面轨道上的不同的位置状态量应该是不一样的。然而,对于真实的电子而言,只有能级的变化才是真实的状态变化。球面上的各个点对于电子来说是对称的,彼此之间没有区别。电子出现的概率,可以被平滑地分配在球面的各点处。而微观意义上的直观空间,可能只存在于人类的想象之中。

在思考微观的时候,我们必须有一个清醒的认识。基于感性和直观的推论不

---

① 丹麦物理学家,丹麦皇家科学院院士,1922 年获得诺贝尔物理学奖。

② 这一悖论涉及如何理解微观物理实在的问题。爱因斯坦等认为,如果一个物理理论对物理实在的描述是完备的,那么物理实在的每个要素都必须在其中有它的对应量,即完备性判据。当我们不对体系进行任何干扰,却能确定地预言某个物理量的值时,必定存在着一个物理实在的要素对应于这个物理量,即实在性判据。

③ 本处特指不确定性原理,由海森堡于 1927 年提出,这个理论是说,你不可能同时知道一个粒子的位置和它的速度。物理实在的要素无法被准确测量,所以不具备实在性判据,即引出 EPR 佯谬。

④ 多元宇宙理论描绘了无限个或有限个可能的宇宙组成的集合,包括了一切存在和可能存在的事物。多元宇宙所包含的各个宇宙被称为平行宇宙。

是必然正确的。我们的直观认识都是智能系统的运行结果，并非物质存在的本质。

在微观世界中，这种认知可能没有太多的实际意义，不能代表某种具有本质性的事物或作用。电子并不需要我们所理解的那种三维空间，只需能级这一个变化维度和不同能级形成的状态阱就足够了。如果非要通过直观的三维来理解，那么电子的真实运动就只能被描述成不可捉摸的云和跳跃式的能级轨道跃迁。

在微观的世界里，我们的直观空间遭到了分割，能级相同的时空对电子而言具有对称性。在升维理解时，用概率来构造一种模拟的连续空间，也不失为一个解决问题的好办法。出现薛定谔悖论和观察者效应的原因，很可能是作用尺度的跨度对微观的运动形式和宏观的观察结果产生了影响。在宏观尺度下额外的运动维度会作用于体系中的每个原子。

尺度造成了对称性的变化，产生了新的运动维度，赋予了电子一个确定的三维坐标。但是在单纯的微观世界里，电子只需能级这一个维度就够了，不需要三维坐标。而能级这一维度在宏观三维空间中就表现得如同云雾一般。宏观层面的观察作用赋予了电子确定的空间坐标，原本的概率空间也就坍缩成了一个实在的粒子。

2. 马尔可夫性与跨度对称性

在之前的章节中，我们介绍了时空的相对对称性和相对不变。只要是满足了式(2-7)的光速物质，不管常规宇宙的时间怎么流逝，对于它们而言都只是一瞬间，所有的空间坐标都坍缩成了一个点。这些物质和常规宇宙实现了时空的脱耦，所有时间和状态都失去了意义。

在系统内部，微观尺度的状态和时间，对于宏观系统的演化而言也具有某种对称性。这种对称性，源自两个系统周期、能量和数量的级差。复杂的相互作用和超快运行周期，会让大量微观作用产生的宏观影响相互抵消。因此从宏观的角度来看，微观作用的贡献就可以被完全忽视，不同的微观状态量可以被视作等效、对称、不具备实际意义的。跨尺度的对称性依赖于微观作用的完全拮抗。实现完全拮抗的条件比较苛刻，要求微结构自身也处于一个比较复杂的环境中。当且仅当能对微结构演化产生重大影响的、彼此之间相互关联的作用大于或等于四个时，微观作用的宏观影响才能被完全忽略。

四种作用之间的复杂关系，可以画成一个四叉树模型，如图3-1所示。

四叉树模型由俄罗斯科学家马尔可夫[①]提出。他证明了对于四叉树模型或者更复杂的作用结构而言，"将来"与"过去"具有相对的独立性。对于满足四叉树模型的相互作用，只要不是前后两个瞬间，状态量的因果关联性就是零，哪怕中间只间隔了一个时刻也是这样。

满足马尔可夫性的系统，其某一时刻的系统状态集 a_n，完全由这个时刻的演

---

① 安德雷·安德耶维齐·马尔可夫，1856—1922年，俄国数学家。

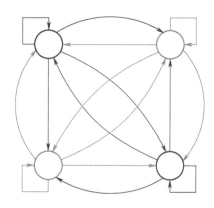

图 3-1　四叉树模型示意图

化函数 $a(t_n)$ 决定。而之前 $n-1$ 个时刻的状态量,均不会对 $a(t_n)$ 产生作用。用 F 来表示全部演化作用的合集,则该集合只包括上一时刻的状态量 a_{n-1} 和 t_n 时刻演化函数所造成的影响,即

$$F(a,t\mid a_0,a_2,\cdots,a_{n-2},a_{n-1},t_1,t_2,\cdots,t_{n-1},t_n)=F(a_{n-1},t_n) \quad (3\text{-}23)$$

马尔可夫过程描述了一个封闭的、随机的、拥有复杂微观作用的系统。而微观作用的状态量对于宏观系统而言没有任何意义,也不会产生任何影响[20]。它的因果时间线无限短。演化不依赖于历史状态,表现出真随机性。无论它演化多久,都不会对宏观系统产生影响。站在宏观的角度,也可以认为这个微观过程与时间无关,是与时间反演对称的。马尔可夫系统中的作用不会在演化中留下任何痕迹,拥有无后效性①,时间对它们没有记忆。因此,可以称为跨度对称性。

随着熵的增加,一个系统内部的不对称性会逐渐衰弱。子系统之间的交互变得复杂、频率变高、范围变大。这也增加了系统中满足跨度对称性的微观组成部分的比例。

3. 跨度对称破缺

站在宏观系统的角度,拥有跨度对称性的微观自由度可以被当作完全等价的。站在微观系统的角度,宏观运动的自由度可能也不具备实际意义。因此,在因果关系尺度跨度比较大的情况下,原本的对称守恒律就有可能被打破。

在微观作用中模拟宏观自由度时,可以采用量子力学矢量叠加的方法。一些宏观自由度对于微观物质的运动是对称的,不具备实际意义,只在概念中存在,因此在计算中是可逆的。

---

① 无后效性是指如果在某个阶段上过程的状态已知,则从此阶段以后过程的发展变化仅与此阶段的状态有关,而与过程在此阶段以前的阶段所经历过的状态无关。

如果对称性发生了破缺,那么原本在理论中等效的概念变换,就产生了真实且不可逆的后果。在被打破的对称性的瞬间,具有模拟性质的矢量叠加就转变为真实的概率叠加。

在演化过程中,只有不具备本质区别的维度才具有时间反演对称性,因此运动维度的对称性与时间反演对称性是一组共轭量。如果时间和事件可以反演,那就说明运动维度的不同状态保持对称,没有实际区别,一切都是等效的。相反,假如时间出现了不可逆性,那就意味着对称性失效,维度的不同状态开始有区别,矢量叠加也转变为概率叠加,即

$$a = \begin{cases} \{P(x), P(y), P(z)\} & (t_0 t_n = t_n t_0) \\ \{P(x), P(y), P(z)\} & (t_0 t_n \neq t_n t_0) \end{cases} \quad (3-24)$$

在薛定谔提出的思想实验中,镭原子的衰变在被盖革计数器解读前后有着质的区别。镭的衰变由原子内部的复杂作用决定,具有马尔可夫性。对于宏观世界的我们而言,具有尺度跨度造成的时间和状态对称性。而宏观世界的空间自由度,对于此时的镭原子也同样是没有意义的。因此这样的情况就完全可以通过矢量计算来描述它。

但是,在盖革计数器介入后,情况就完全不一样了。镭原子系统、猫的生物系统被盖革计数器联结到了一起。镭原子系统中发生的作用,可以直接决定猫的生物系统。彼此的作用维度不再是无意义的,因此镭原子的衰变也从可逆性的抽象概念,转变成了不可逆的真实影响。也正是在衰变触发盖革计数器的这个瞬间,整个系统因果相关性发生了对称性变化。原本用于描述跨尺度对称性的可逆矢量叠加,也变成了非此即彼的概率事件。

玻尔的看法也是这样。在薛定谔悖论中打破系统对称性的是盖革计数器而不是观察者。将这一推论泛化,量子力学中广泛存在的观察者效益,很可能是因为观察行为本身引入了新的作用维度打破了系统的对称性。原本仅在思维中存在的模拟维度和矢量运算,就转变为了真实的作用维度和确定的事件,从而在数学上使量子从波函数[1]坍塌成微粒。

3.5 系统的演化与运动模型

在宇宙中,唯一不变的是变化本身[2]。新的物质系统源源不断地产生,旧的系统也随时间的流逝改变着形态。由系统演化造成的变化可以抽象地分成两个不同的层次。

---

[1] 波函数是量子力学中描写微观系统状态的函数。
[2] 唯一不变的是变化本身。——斯宾塞·约翰逊。

第一个层次是基于系统运行规律的状态变化。

对于拥有数个自由度的系统,不同的质能形式可以互相转变。这种可变结构可以一直套用到最基础的物质单元,圈量子引力理论①和弦理论的卡拉比-丘成桐模型②就是描述基础变换的数学空间。

不过,根据马尔可夫原理,绝大多数的微观作用在宏观层次表现为纯随机。这样一来,需要考虑因素就不太多了。

假如有一个系统,它的状态集为

$$A = \{X_A, Y_A, Z_A\}$$

系统中的每个微观子结构系统,有独立的状态:

$$a = \{X_a, Y_a, Z_a\}$$

在微观的运动中,微结构会根据其自身状态量和动能,与系统状态保持一个稳定的状态差距量 ε_a,即式(3-11)。

如果平衡状态发生了改变,系统就会在外部作用的影响下,形成一个新的状态势阱:

$$A' = \{X'_A, Y'_A, Z'_A\}$$

从 A 到 A' 的位移设作 AA',将一段时间 t 的位移设作 A_t。同时,系统内部所有的微结构也形成了向新的状态势阱 $\{X'_A, Y'_A, Z'_A\}$ 运动的趋势,直到系统的宏观状态进入新的状态势阱,即当 $A = A'$ 时,宏观系统重回稳定。稳定后,微观的子系统结构仍会保持运动,但这种运动仅在微观的层次有意义,不会对集群的平均状态以及宏观系统的状态产生影响。

集群中微观结构的平均离差也是 ε,是 a_nA 的平均长度,即

$$\varepsilon = |\overline{a_nA}| \tag{3-25}$$

式(3-25)与式(3-12)相等,即

$$\varepsilon = |\overline{a_nA}| = \frac{\sum_i \varepsilon_{a_i}}{i}$$

如果任意两个时刻 $t-1$ 和 t 的平均离差和宏观系统的运动状态均不发生变化,即

$$\frac{\partial \varepsilon}{\partial t} = 0 \text{ 且 } A_{t-1} = A_t \tag{3-26}$$

那么对于外部参考系而言,宏观系统就已经进入了平衡和稳定。

---

① 基本正则变量为阿希提卡-巴贝罗联络,再以联络定义的平移算子以及通量变数为基本变量实现量子化。

② 一个蜷缩的高维空间,具有六个维度。

对于一个完整的宏观系统迁移过程,就可以当成规范中心和力场先发生移动,然后牵引微观结构一起运动。规范效应会使微结构加速,逐渐偏离最初的宏观系统状态量 $A_0 = \{X_0, Y_0, Z_0\}$,形成越来越大的初态差距量 ε_0,即

$$\varepsilon_0 = |\overline{a_n A_0}| \tag{3-27}$$

$$\frac{\partial \varepsilon_0}{\partial t} > 0$$

同时,微结构还会逐渐向着宏观系统的状态量势阱 $\{X'_A, Y'_A, Z'_A\}$ 移动,慢慢减少末态差距量 ε_∞,即

$$\varepsilon_\infty = |a_n A'| \tag{3-28}$$

$$\frac{\partial \varepsilon_\infty}{\partial t} < 0$$

在系统演化的第一个层次的变化中,系统的自由度没有发生质的改变,只是简单地从一个状态平移到另一个状态。

而第二个层次的变化,则包括了系统内部的自由度变化,可以是某个维度的规范效应力场发生了削弱或增强,同时也造成了微观子系统结构群落的规范效应力场的改变;或者是系统与环境交互,得到或损失了物质。

规范效应力场变化是微观集群和宏观系统形成运动的根本性因素。宏观系统在宏观框架内被规范的子系统可以被视作一个共动体系[1]。而规范效应力场的变化,会改变共动体系中宏观系统与微观系统的运动关系。李雅普诺夫[2]指数是描述这一问题的绝佳工具。

首先将微结构和宏观系统状态的演化公式一起列出来,即

$$a_{t+1} = f(a_t), \quad A_{t+1} = f(A_t) \tag{3-29}$$

初始差距量为

$$\varepsilon_0 = |a_n A_0|$$

经过 t 次迭代后,得到

$$\varepsilon_t \approx \prod_{t=0}^{t-1} \frac{\mathrm{d}f(\varepsilon_t, \mu)}{\mathrm{d}\varepsilon} \varepsilon_0 \tag{3-30}$$

根据李雅普诺夫指数的推演公式,每次演化迭代产生的离差变化率,以乘积的形式作用于初始差距量 ε_0,得到演化差距量 ε_t。最后,让 $t \to \infty$,并对每次迭代的变化率求平均和,并以指数的方式计量。即可得到微结构 a 与宏观系统 A 之间的

---

[1] 参考天文学概念,共动坐标系可以发生变化,但是以自身为参考点的话,坐标系却是静止的。
[2] 俄国著名的数学家、力学家,1857—1918年。

李雅普诺夫指数①：

$$\lambda_A = \lim_{t\to\infty} \frac{1}{t} \sum_{t=0}^{t-1} \ln \frac{\mathrm{d}f(\varepsilon_t,\mu)}{\mathrm{d}\varepsilon} \tag{3-31}$$

当 $\lambda_A > 0$ 时，微结构平均状态 ε，随着时间演化靠拢系统中心 A_t；
当 $\lambda_A < 0$ 时，微结构平均状态 ε，随着时间演化远离系统中心 A_t；
$\lambda_A = 0$ 则保持相对位置不变。

3.6 系统的生长与衰亡

自然界中的系统，其生命周期都是有限的。存在皆非永恒，寂灭终会到来。

系统的本质是具有规范效应力场的物质团。每个宏观现象都是海量微观事件的映射。在系统生灭问题中，演化会让物质进入系统，抑或离开。某一次具体的微结构得失属于随机生灭过程。再通过重整化群即式(3-20)，就可以得出微观事件总和概率，进而表达宏观系统的生灭状态。

如果是两个系统争夺物质的情况，可以使用双边生灭过程理论，更复杂的情况就只能用位势论②来分析了。

3.6.1 系统生长范式模型

物质系统在漫长的演化中逐渐形成又走向消亡，也必然会发生物质进入或者离开系统的情况。这些作用都是在熵流的推动下进行的，在结果上加速了宇宙的时空对称化过程。

1. 结构指数与规范效应力场

我们将李雅普诺夫指数，后简称结构指数 λ，作为描述系统状态的主要工具之一。

对于一个封闭系统 A，当 $\lambda_A > 0$ 时，系统演化会导致微结构平均状态量向中心聚集。这说明了微结构的广义动能在与规范效应斗争的过程中逐渐落入下风，微结构的活动范围也开始缩减，动能却因此变大。更小的活动空间和更快的运动速度会导致微结构之间更有可能发生交互作用，从而向外界释放热辐射。另外，规范效应力场的增强意味着系统形成了一个更加强大的状态中心，能够在同样的范围内捕获动能更大的微观系统，在环境物质稳定的情况下还会扩展原先的控制

---

① 表示相空间相邻轨迹的平均指数发散率的数值特征，又称李雅普诺夫特征指数，是用于识别混沌运动若干数值的特征之一。
② 将系统受到的影响，通过拉普拉斯变换，或者更加复杂的形式，转变为多种影响因素的和，再分析不同影响因素的作用强弱。

3.6 系统的生长与衰亡

范围。

而 $\lambda_A = 0$ 则说明系统演化稳定发展。如果 $\lambda_A < 0$,则说明支撑系统的规范效应力场正在随着时间减少,向心力减弱,一部分微结构的轨道外移、动能减弱,而一些轨道能量已经饱和的微结构则会直接脱离系统,重获自由。

如果这一趋势得不到逆转,系统最终将被环境同化。演化末期的溃散系统,λ_A 通常小于 $0^{[21]}$。

2. 微观结构的逃逸余量

每个微结构逃脱系统都需要一定的动能,比如地球上的物体离开地球引力圈,需达到第二宇宙速度①。由系统规范效应场 S_f 和状态量 a 对应的势位决定,即

$$W_a = f(S_f, a)$$

具体来看,规范效应场 S_f 可以作为一个力场来理解,在每个具体的点会形成一个对应的规范效应 F_S 微结构脱离场做的功 W_a,取决于微结构与场作用关系的强弱,以及微结构在场中的势位 ε_{a_t},即

$$W_a = \int_{\varepsilon_{a_t}}^{\infty} f(F_S, a) \, d\varepsilon$$

根据微结构逃逸系统所需的能量和它自身能量的差距,又可以定义一个概念,逃逸余量② E_e,

$$E_e = W_a - E_K$$

$$E_e = \int_{\varepsilon_{a_t}}^{\infty} f(F_S, a) \, d\varepsilon - E_K \tag{3-32}$$

如果突破系统规范效应所需功普遍强于微结构的动能,即当 $W_a > E_K$ 时,系统就能形成一个宏观的状态中心,并以此为基础规范微观系统的运动轨迹。此时,受到规范的子系统结构逃逸余量普遍大于 0,即 $E_e > 0$。

如果在系统中,规范效应普遍不占上风,即 $W_a \leq E_K$。那么系统物质的流失就不可避免了,如果没有新元素的补充,式(3-8)即集合 $A = \{a_1, a_2, a_3, \cdots, a_i\}$ 中的微结构数量 i 将随着时间下降,并收敛于 0,即

$$\lim_{t \to \infty} i = 0$$

系统对微观结构产生的影响,与微观结构自身的性质密不可分。一些物质的吸引中心,也可能是另一些物质的加速中心。比如正负电荷的物质位于同一个电场中,受到的力就是相反的。

---

① 人造天体脱离地球引力束缚所需的最小速度。
② 参考电子逃逸能量,电子被原子核束缚,吸收光子或受到轰击后能量级变高,这个能量称为逸出功。

结构指数 λ_A 和逃逸余量 E_e 共同受规范力场的影响,有着很强的关联性。如果规范力场 S_f 出现了下降,那么系统就有可能出现微观子结构的能量大于逃逸余量,即 $E_e \leq 0$ 的情况。结构就会从系统中脱离,结构指数 λ_A 很可能同时出现下降。如果 λ_A 增加,那么结构中心的广义吸引力就会增强,造成微结构的轨道普遍下降,向着中心聚集。同样也意味着逃逸余量 E_e 的广泛增加。

3. 物质逃逸

在一个系统中,状态和性质类似的微结构,由于状态轨道的差异,其动能状态未必是相同的。一个溃散或者生长中的系统,必然要与环境中的物质发生能量上的交互,这导致了热力学中的做功概念。

首先讨论溃散的情况。在经历了漫长的时间以后,一个系统向外界释放的能量等于逃逸微结构释放的能量之和。逃逸后的微结构,仍然拥有残余的内部能量 E_l,也就是满足了逃离系统所需的动能之后多余的部分,即

$$W_a - E_k < 0, E_e < 0$$

$$E_l = -E_e$$

如果逃逸物质的残余能量水平小于环境物质的平均能量水平,那么逃逸物质将会吸收环境中的能量,即

$$\frac{E_l}{m_a} < \frac{\overline{E_{ke}}}{\overline{m_e}}$$

式中: $\overline{E_{ke}}$ 为环境物质平均能量; $\overline{m_e}$ 为环境物质平均质量。

假如系统物质普遍吸收环境能量,那么将在宏观上体现为环境向系统做功。反之,如果逃逸物质的残余能量普遍大于环境物质的平均能量,即

$$\frac{E_l}{m_a} > \frac{\overline{E_{ke}}}{\overline{m_e}}$$

那么宏观上看,系统将会对外做功,输出能量。

我们将一段时间 τ 内系统 A 中所有将会逃逸的微结构,设作集合 L,包含 j 个元素,即

$$L = \{a_1, a_2, a_3, \cdots, a_j \mid E_{l_j} > 0\}, \text{且 } L \in A \tag{3-33}$$

系统溃散造成的微观流动总和 W_τ 为

$$W_\tau = \sum_j \left(\frac{E_{l_j}}{m_j} - \frac{\overline{E_{ke}}}{\overline{m_e}} \right) \tag{3-34}$$

如果系统完全崩溃,那么向外释放的能量就是式(3-4)中能蓄水平和全部 i 个微结构总动能的乘积,即

$$W_\delta = N_p \sum_i E_{k_i}$$

此时,能蓄水平也可以看作系统物质额外动能水平和环境物质平均动能水平的差距。微结构的残余能量水平也就是系统在某个阶段能向外界释放的熵流的微观体现。

在规范力场不变的情况下,孤立系统中的物质不可能无止境地从系统中逃逸。熵流和熵变也是不可持续的。如果一个系统能够保持活跃,那势必是受到了环境向它输入的负熵流。从微观的角度来理解,负熵流也可以当成另一个系统中的高能微粒正在源源不断地涌入系统。它们或是加速了系统中的粒子一起流出系统,或是直接穿过系统规范力场的控制范围,借道而过。总的来看,负熵流是很容易造成物质逃逸的。

火星就是典型的例子,其自身引力形成的约束作用不够强大。因此火星大气就在太阳风这种负熵流的作用下逃离了火星。

规范力场的目的是让物质聚集,然后发生对称化。一旦能蓄水平过高、熵流过大,规范力场可能就无法约束微观的运动,导致系统崩溃,然后释放全部的潜在功,像是物质高度聚集引发的氦闪和超行星爆发。

相反,能蓄水平越低、微观物质的运动越慢,能够发挥作用的规范力场也越多。比如地球物质能量较恒星中心较低,核聚变一类的作用就很难发生。

4. 物质流入

真实环境中,微观物质系统的能量水平不等。进入系统的微观物质系统有可能会被捕获,也可能不会。预设一个系统内部的规范力场保持稳定,即 S_f 不发生改变。此时,有一个包含 i 个微观结构的系统,即

$$A = \{a_1, a_2, \cdots, a_i, a_{i-1}\}$$

式中:a_{i+1} 表示系统从环境中吸收的新的微观物质系统。微结构数量 i 的增速能够衡量系统从环境中吸收物质的能力。

根据布朗运动原理,微结构的运动方向是纯随机的,无法预测。假如一个系统是平衡且稳定的,那么当微结构 a_{i+1} 从环境进入系统时,就可以根据它的初始运动状态分四类情况展开讨论。

第一类情况,a_{i+1} 的初始动能较大,超出了逃离系统所需的动能,且不与系统产生作用,那么系统就无法捕获 a_{i+1}。在具体计算中,可以等 a_{i+1} 运动到轨迹切点,将位于切点时,a_{i+1} 和系统中心的距离 ε_a 设作 σ。此时,a_{i+1} 的运动方向与结构到系统中心连线方向垂直,即运动方向正切于系统为中心的圆。再对 a_{i+1} 动能 $E_{k_{i+1}}$ 和脱离系统所需的动能进行对比,判断差值是否大于 0,即可确定物质是否被系统捕获。

当 $\int_\sigma^\infty f(F_S, a_{i+1}) d\varepsilon_a - E_{k_{i+1}} \geq 0$ 时,$a_{i+1} \in A$。$\int_\sigma^\infty f(F_S, a_{i+1}) d\varepsilon_a$ 是指,沿着

a_{i+1} 的轨迹,从 σ 点开始,向无穷远处求做功的积分。也有一种可能,是 a_{i+1} 的动能超过了逃离系统所需的动能,并且通过微观的相互作用对系统内的其他微结构做功。

引申出了第二类和第三类情况。

第二类情况,如果与它发生作用的微结构 a_k 能量已经饱和,或者 a_k 的逃逸余量不足以吸纳 a_{i+1} 的额外动能。那么 a_k 和 a_{i+1} 很可能会同时脱离系统,即

$$E_{e_k} < E_{k_{i+1}} - \int_{\sigma}^{\infty} f(F_S, a_{i+1}) \mathrm{d}\varepsilon_a$$

宏观来看,环境向系统做功,物质逃逸,系统中的微结构总量 i 减小。

第三类情况,如果与它发生作用的微结构 a_k 足够吸纳额外动能,那么 a_k 和 a_{i+1} 会同时留在系统中,即

$$E_{e_k} \geq E_{k_{i+1}}$$

环境中的物质被系统吞并。系统结构总量 i 增加,结构指数 λ_A 减小。

第四类情况,a_{i+1} 的初始动能比较小,形成了逃逸余量。此种情况下,如果环境物质进入系统,就必然被系统吞噬。当 a_{i+1} 切入轨道后,根据 a_{i+1} 的动能水平 $E_{k_{i+1}}$、势能水平 $E_{p_{i+1}}$ 与微结构平均水平的状况,本次捕获可能会导致结构指数 λ_A 减小,也可能导致 λ_A 增加。

若

$$\frac{E_{k_{i+1}} + E_{p_{i+1}}}{m_{i+1}} - \frac{\sum_i (E_{k_i} + E_{p_i})}{\sum m_i} < 0$$

则 a_{i+1} 的运动低于平均水平,a_{i+1} 更加靠近系统中心,结构变得更加紧凑,λ_A 也因此增加,反之则减小。

总的来看,上述四种情况应当在系统中同步且均衡地发生。假如第一类情况占主流,那就说明系统更像是一个孤立系统。可能是绝大部分物质都集中在系统中心,并且不与外界产生有效联系,类似于宇宙中的暗物质①与常规物质的关系。

如果第二类情况占主流,那说明系统的规范力场无法在环境中发挥正常作用。环境中的高能微结构逐渐冲散系统中的低能微结构,造成系统瓦解。

如果第三类情况占主流,说明环境对于系统具有相对负能蓄,在系统能量饱和前仍然能够同化一部分环境中的物质,这可能是一个发生了宏观运动的系统。这种情况同样是不可持续的,随着时间的推移,系统内部微结构的平均能量会逐渐攀升,系统也将走向瓦解。

如果第四类情况占主流,此时的系统可以看作一个极其强大的规范涡旋。系

---

① 暗物质是一种假想物质,它比电子和光子还要小的物质,不带电荷,不与电子发生干扰,能够穿越电磁波和引力场,可能是宇宙的重要组成部分。

统的成长将不受限制,其生长速率取决于微结构出现在系统边界处的概率。自然界中的物质系统不可能只发生第四类情况。

因为光速运动的物质也会进入系统,它们没有静质量,因此光子的能蓄水平是最大的。如果能无限制地捕获光速物质,那么系统内部的平均动能也会趋近于无穷。在自然界中,仅有奇点或黑洞能满足这样的条件。

在其他的系统中,微结构的平均动能(kJ/kg)总是低于光子。时间长了,也总会有饱和的微结构因为吸收了光子脱离系统,例如电子跃迁①。另外,当系统成长得太过庞大时,临界相变就会降临,规范力场也不再有效。所以系统的生长总是有限的。

5. 系统生长

一个系统能否生长,与它所处的环境有着密不可分的联系。如果周边环境中空无一物,也没有能量进入系统,那也不可能吸收或产生新的物质,只会因为环境的同化损失已有的物质。对于一个与环境密切交互的系统而言,它的生长速率以及最终规模,主要取决于环境与系统交互的频度,以及环境物质的能级。

假设在一个时间周期 T 内,环境中有 n 个物体进入系统。其中,有 a 个物体属于前文提到的第二类和第三类情况,它们与系统中的微结构发生作用,带着微结构脱离了系统,或者提高了微结构的能级。我们将这些高能物体的状态设为集合 O_h。

同时,系统内部特征决定了高能物体能造成多大的影响,包括系统的内部密度、平均能级在内的因素共同形成高能物质置换参数集,设作 μ。一个周期内,高能物质会造成 $E_h = \sum_a f(O_{h_a}, \mu)$ 的质能流动。μ 是一个随时间变化的参数,随着系统越发饱和,μ 形成的置换比例会越来越高。换句话说,对于一个稳定的饱和系统而言,高能物质要么造成物质流失,要么造成结构离散。我们将它当成系统成长的负相关系数。同时,又有 b 个物体属于第四类情况,它们直接留在了系统中,并且在一定程度上改变了系统的内部状况。我们将这些低能物体的状态设作集合 O_s 即环境中低能物质的质能 $E_s = \sum_b f(O_{s_b})$ 留在了系统中。

低能物质还会降低微结构的平均能级,这样一来,高能物质的置换率 μ 就会下降,更有可能被留在系统中。那么系统在周期内的成长,就是捕获的质能减去流失的质能,即

$$E_\lambda = E_s - E_h \tag{3-35}$$

常规意义上,进入动态平衡的系统,其规模成长 E_λ 和结构指数 λ_A 都应为 0。那么物质的流入和流出应当是平衡的,即 $E_s = E_h$。

---

① 某些物质内部的电子会被光子激发出来而形成电流

6. 演化量与演化指数

如果要对一段时间内某个系统的成长进行评估,可以将这一段时间内的质能生长全部加起来,得到系统的演化量 E_V。系统无时无刻都在发生改变,环境也同样在变。在数量上,演化量可以当成由环境、系统、时间三个维度组成的非线函数对于时间求积分得到。

将各个时刻的环境进入系统的物体组成集合 O,即

$$O = O_s \cup O_h = \{O_{h_1}, O_{h_2}, \cdots, O_{h_a}, O_{s_1}, O_{s_2}, \cdots, O_{s_b}\}$$

那么一段时间 t 的系统演化量,即

$$E_V = \int_0^t f(O_t, \mu_t) \, \mathrm{d}t \tag{3-36}$$

公式(3-36)牵扯到的变量太多,精确运算几乎是不可能的。应当采取集合与粗粒化①的方式来模糊运算②。例如,为高能和低能物体取一个均值作为替代,或者按照演化的相变划分周期。

假如环境和系统在一段时间内发生了 c 次重大相变。我们就可以设置 c 个周期。再将这些周期内系统规模的成长,组合一个阵列集合,即

$$\{E_{\lambda_1}, E_{\lambda_2}, \cdots, E_{\lambda_c}\}$$

那么演化量 E_V,就是 c 个周期内规模成长的和,即

$$E_V = \sum_{c=1} E_{\lambda_c}$$

在自然界中,系统的演化量 E_V 和系统初态量的比值,可以出现天文数字。为了更加直观地展开对比,可以根据初态量 E_0 和演化量 E_V 求对数,得到演化指数 λ_{E_v},即

$$\lambda_{E_v} = \log \frac{E_V}{E_0} \tag{3-37}$$

演化指数 λ_{E_v} 具有非常重要的参考价值,它可以间接预测跨度对称性破缺造成的临界相变,在平稳演化期间忽视不必要的微观作用。

在薛定谔悖论所描述的思想实验中,演化指数 λ_{E_v} 的增长就非常剧烈。最初的系统很小,α 粒子的衰变属于镭原子的内部过程。一个镭原子的质量③大约是 3.6×10^{-22} kg,可随着因果效应的级联放大④,发展到后来可以将一只猫囊括其中。营养较好的成年家猫⑤,体重约 3.6kg。

---

① 将一个数学集合中的数个元素当作一个整体来运算。
② 又称 Fuzzy 数学,是研究和处理模糊性现象的一种数学理论和方法。
③ 相对原子质量除以阿伏伽德罗常数。
④ 描述信息传递、信号逐级放大的过程。
⑤ 家猫的常见体重在 3~4.5kg。

通过简单的计算可以得出,镭原子系统和一只猫的质能规模大约相差了 10^{22} 次方倍。系统从一个镭原子扩大成猫+计数器+镭原子,演化指数 λ_{E_v} 约是 22。

换句话说,一个原子的衰变,引发了比它庞大 10^{22} 倍的猫的死亡。用四两拨千斤一类的说法已经不能形容这件事情的程度了,相当于弹一下手指头就引爆了一颗原子弹。在一些情况下,演化指数的激增,可能会成为跨度对称性破缺的充分条件。薛定谔悖论有一个隐含的条件,即观察者无法被动获得镭原子中的状态。镭原子即使衰变了也无法对观察者产生影响,两者存在因果关系的脱耦。而这种脱耦在尺度跨度大、作用关系间接的过程中普遍存在。

假如一个系统它的质能是 E_A,由 i 个微结构 a_i 组成,这些微结构之间的微观作用具有马尔可夫性,且平均能量为 E_a,现在我们将微结构 a 视作一个独立的系统。如果 a 演化得过于庞大,甚至超过了它之前所在的系统,即 a 的质能水平 E_a 超过了系统的质能水平 E_A。那么系统 a 的对称性就一定会发生改变。这种改变包括两个层次。

一方面,a 作为系统微观结构时所具有的马尔可夫性被大规模的成长给破坏了。两个系统的规模级差是形成马尔可夫性的必要条件。只有微结构的作用结果与宏观结果存在级差,才能让其他的微观作用抵消某些作用的影响。而马尔可夫性的坍塌,则意味着先前可以被视作微涨落的作用,它们的后果不再可逆。另一方面,如果 a 的质能水平超过 A,那就意味着 A 系统中的物质很有可能被 a 完全吞并。发生这种状况可能是因为先前微结构 a 正好处于宏观系统演化的状态势阱中。此时的系统 a 就很可能继承其母系统 A 的规范力场。就像是一个勇者闯进龙穴,变成恶龙的故事。

所以当 $\lambda_{E_v} \geq \log E_A/E_a$ 时,系统发生对称性变化就是不可避免的了。也可能存在别的预测对称性破缺的充分条件,此处先不作深入讨论。

3.6.2 系统生长的结果

站在比较宏观的层面来看,较小的系统和作用持续时间通常很短,总是闪电般出现然后迅速消亡,不会在时间中留下任何痕迹,只是宇宙的背景板。绝大部分次级系统的诞生,源自宏观系统内部的周期性振荡。当这些振荡结束时,次级系统的结构也就朝着消散发展了。

演化指数 λ_{E_v} 同样可以用来讨论系统的消散过程。以峰值为基准展开计算的话,如果演化指数 $\lambda_{E_v} = -\infty$,就意味着系统演化的终止。

另一些次级系统却不太一样,它们的结构会被不断放大。在宏观系统中,形成了一种被称作临界巨涨落的作用。临界巨涨落由宏观结构的对称性破缺造成。它意味着一个次级系统可以长期保持大于 0 的结构成长率,最后形成一个具有很大

演化指数 λ_{E_v} 的终态系统。

最形象的例子莫过爱德华·洛伦兹描述的蝴蝶效应，"一只南美洲亚马逊河流域热带雨林中的蝴蝶，偶尔扇动几下翅膀，可以在两周以后引起美国得克萨斯州的一场龙卷风"。[22]

假如临界巨涨落的发展势头很强劲，完全有可能超出原先系统的尺度边界。如果系统演化不加限制，最终会触及宇宙的尽头，即演化指数 $\lambda_{E_v} = \infty$。

自然界中，能在较长一段时间内保持很高成长速度的系统十分常见。如果用现有的演化增长数据预测未来的趋势，很容易得出 $\lambda_{E_v} = \infty$，发生演化爆发。然而，绝大多数高成长率的系统，在突破了一定的条件边界 K 后，成长速率就会放缓。没有人可以预知未来，但根据以往的经验，无穷增长只在神话故事中存在，即生长速率 dE_V/dt 是与演化指数有关的分段函数。

在 $\lambda_{E_v} \leq K$ 的边界范围内，系统可以实现有边界的演化爆发。导致系统发育中止的边界条件，也是自发对称性破缺发生的临界点。临界相变就像是一把悬在演化头上的达摩克利斯之剑①。随着系统规模的变大，其内部和外部的环境也在改变，一旦某些关键性条件发生变化，就会导致对称性破缺。

对称性的变化，会影响到系统演化的基础条件，或多或少地改变系统的成长速度。如果出现了一些强力的制约条件，那么演化爆发也就在此处终止。

综合本章，在环境不变的情况下，规模增长导致的临界相变现象主要有三种的原因。

第一种是规范力场的自我失效。

随着系统发展，物质的总量会积累得越来越多。系统与环境存在质能交互，靠近状态中心的子结构不容易被环境同化，靠近外围的子结构则更容易同化，也就形成了不同的温度和运动状态。假如系统发展得太大，原先的规范效应就有可能因为系统温度或其他因素的改变而失效，进而造成系统瓦解。

第二种是规范力场的竞争性失效。

作用于系统的规范力场、次级规范力场可能同时有多种，宏观的、高层次的规范效应力场，很可能会造成微观的次级规范效应力场失效，随即释放大量能量。

例如，以太阳为代表的恒星中心，引力突破了电子简并压力，产生了核聚变。当系统宏观能蓄太高，微观规范力场的临界条件可能就被突破了。子系统结构会以全新的形式相互作用，时空对称化效率也会因此发生改变。

第三种是跨度过大引发相对关系变化

观察者对系统的认识，取决于系统与观察者的相对状态。一旦系统或者观察者的尺度变化太大，它们的相对关系也会发生改变。虽然系统的运行规律不一定

---

① 用来表示时刻存在的危险，源自古希腊传说。

发生大的变化,但是对于观察者来说却发生了质的改变,最终体现在两者的因果关联关系上。

3.6.3 系统生长的极限

维系物质系统的基础是系统与环境的不对称性。不对称性的蓄累越大,耗散速率也越快,因此系统的生长也总是有限。人类的一生也很短暂,难以全面地认识极其宏观的事物,也常对它们的演化产生错误预期。典型的反面例子是半导体领域的摩尔定律和科技爆炸假说。

1965 年,英特尔的创始人戈登·摩尔提出,集成电路的性能每两年增加 1 倍。当时半导体技术正以飞快的速度发展,并维持了数十年。然而时过境迁,到了 2022 年再跟熟悉科技领域的朋友提起英特尔,大家的印象会是"挤牙膏",英特尔的 CPU 每年只能提升 3%~5% 的性能,再也不复当初的盛况,技术瓶颈降临了。

不光是半导体芯片,几乎每种新兴事物或行业最初都有一个类似于摩尔定律的指数增长阶段。但是发展到一定程度以后又会遇到瓶颈,增长速度放缓。事物发展的趋势通常能够绘制成一条 S 形曲线①,而非 L 形。

在演化后期,总有一些因素会突然出现,打断先前的增长势头。比如制约集成电路发展的主要因素是科学理论,其进步速度远慢于人们将理论变成技术的速度。当已有的科学理论得到了充分运用,支撑芯片性能提升的理论也就大幅减弱了。

基础的科学创新速度十分缓慢,说每年提升 3%~5% 仍有过分乐观的嫌疑。但是纵观整个基础科学的发展史,会发现也曾有过那么一个群星璀璨的时代。从伽利略开始,然后是牛顿,几乎每几年就会出现一个科学大师,这种盛况一直延续到第二次世界大战后。

反观今天的基础科学和一百年前相比却没有太大的变化,五十年前的大学物理教科书拿到今天同样适用。科学家在现有的理论框架下越做越深,却没有太多革命性的突破。这些年来,连这种深化工作都在变得越来越困难。

制约基础科学继续发展的主要因素,是人们手中的数学工具。再看数学的发展状况,用几近停滞来形容毫不过分。费马猜想②的解决用了三个半世纪;哥德巴赫猜想历经两个半世纪仍屹立不倒;NP 完全问题③和它背后的第三次数学危机至今未能得到解决;人们甚至开始怀疑基于归纳法的数论在基本思想上存在缺陷。

---

① 即逻辑斯谛曲线,增长收敛于某个极限。
② 费马猜想,指当 $n>2$ 时,$x^n+y^n=z^n$。
③ NP 完全问题,即多项式复杂程度的非确定性问题。

第 4 章 组织与生命

物质系统无法逃离熵增的命运,将在可预见的时间里走向死寂。但系统演化中有一类特殊过程,在特殊的条件下物质系统会自发地结构化。自组织过程会打破系统内部的均匀性,产生序参量和结构信息。自然环境中的自组织系统,往往具有独一无二、不可重现的特点。

水可以被反复倒进同一个杯子里,但是冲进下水道时形成的涡旋永远不同。在已知的物质存在中,当属地球生命的组织程度最高、结构最复杂。

唯有生命实现了长久的绵延,在海洋、陆地、天空,地球上的每个角落繁衍生息,在时间的长河中维持了熵值较低的状态。每个生命都有自己的故事,它们或是为了生活奔波于世,或是组成群落征战四方,属于生命的进化作用让整个地球变得越发绚烂多彩。

人类是生物界的一员,尝试理解生命也是在尝试理解我们自己。我们对自己的疑问也衍生出了我们对生命的疑问,生命是什么,生命从哪里来,生命向哪里去。

本章基于自组织思想和系统论,提出了具有正反馈的随机运动能形成高级结构的观点。并将这一理论体系延展至生物界,能够适用于个体生命演化、种群演化、生物进化等各类问题。此外还回答了一些经典进化论、遗传学不能解释的问题。

4.1 自组织的发生

在自然界中,能够被归于自组织的现象并不罕见,包括雪花晶体①、蜜蜂的巢穴②、太平洋上的台风,它们在某种力量的推动下自发地形成,具有相当复杂的组织结构[23]。

在欣赏这些事物时,我们总是会赞叹大自然的鬼斧神工,而本节的内容正是要揭开这柄"鬼斧"背后的科学原理。

---

① 天空中的水汽经凝华而来的固态降水,结构随温度的变化而变化,多呈六角形,像花。
② 巢穴为蜂群生活和繁殖后代的处所,由巢脾构成。各巢脾在蜂巢内的空间相互平行悬挂,并与地面垂直,巢脾间距为 7~10mm,称为蜂路。每张巢脾由数千个巢房连接在一起组成,是工蜂用自身的蜡腺所分泌的蜂蜡修筑的。

4.1.1 自组织的存在基础

在第 3 章中,我们主要介绍了系统内因导致的相变。在环境因素相对稳定的情况下,一个系统的内部变化会改变它的形态。例如,持续地向一个固态的物质系统输送能量,一旦超过某个阈值就会融化成液体或者升华成气体。相变之后的物质系统拥有了更强的流动性和更大的体积,能够更快地把能量输送到系统之外。另一种相变是环境的剧烈变化导致的。也有系统的成长和演化改变了环境既有状态的情况。而自组织理论,正是描述了一个处于复杂环境中物质系统演化出高级结构的过程。基于耗散原理,复杂结构的不均匀性必须有环境的负熵流作为补充。某种源自环境的不均匀性,以不均匀的方式沉积于系统中,由此在系统内部形成了某种区别。

自组织过程形成的高级结构也是复杂系统的一种,都是非理想系统对于环境不对称性的自适应过程。很多时候,高级结构就是熵流的载体或者熵流本身,太阳的耀斑[1]、火山喷发、洋流[2]都是很好的例子。

在整体框架上,自组织是耗散结构以及系统通用原理的补充机制。自组织形成的高级结构同样为时空的对称化服务、伴随着某种耗散机制,经过了时间的洗礼才能最终演化成型。此外,在宏观的状态中心发生复杂化的过程中,还必定伴随着某种有助于微结构生长的正面机制。它会帮助一些本来不太重要的过程从微观的涨落中脱颖而出,成长为决定系统命运的重要因素之一。

在过去很长一段时间里,科学家都认为自组织现象是很难理解的。因为高级结构的内部蕴含了比简单结构更高的能蓄水平。如果单纯地沿着时间轴分析,就会认为自组织结构是一个自发形成的负熵中心,这违反了热力学第二定律,即熵增定律。

这一违反直觉的特性还间接地造就了一个带有悲剧性的故事。当化学振荡现象 B-Z[3] 反应刚被发现时,苏联的科学家甚至不相信这是真的,论文被退回,发现者[4]含恨隐退。

基于牛顿式的静态分析框架,很难正确地理解系统和自组织现象。我们需要引入动态的耗散结构的理论框架。将自组织过程形成的高级结构系统,视作一种

---

[1] 最剧烈的太阳活动周期约为 11 年。其主要观测特征是,日面上(常在黑子群上空)突然出现迅速发展的亮斑闪耀,其寿命仅在几分钟到几十分钟,亮度上升迅速,下降较慢。

[2] 海水沿一定途径的大规模流动。引起洋流运动的因素主要动力是风,也可以是热盐效应造成的海水密度分布的不均匀性。

[3] 1958 年,俄国化学家别洛索夫和扎鲍廷斯基基首次报道了以金属铈作催化剂,柠檬酸在酸性条件下被溴酸钾氧化时可呈现化学振荡现象。

[4] 别洛索夫发表 B-Z 反应后,信心大大受挫,淡出了科学研究领域。

动态平衡的、高效的耗散主体。

系统的负熵流问题对于理解低熵的自组织过程特别重要。高级结构是复杂系统的特征,系统运行的规律对于高级结构也同样适用。随着时间的流逝高级结构会在熵增原理的作用下湮灭。

在形成原理上,高级结构的自组织可以从系统自身的能蓄和耗散问题中找到答案。由于系统能蓄的耗散过程不是平滑的,随着能蓄水平的变化,临界相变接连出现,系统的组织形式和耗散效率也会发生阶梯式的变化。

哲学对这种现象有所描述,即量变引发质变的普遍规律。

高级结构的自组织是负熵过程,结合耗散原理可以推论,假如没有高级结构,系统的耗散效率会更低,最低的能蓄水平将会高于拥有高级结构的情况。

可以结合第3章中的式(3-2)和式(3-4)展开讨论,具有高级结构的复杂系统耗散模型可以拆成四项来分析。用 S_{NA} 表示高级结构吞噬的负熵,而 S_A 表示高级结构耗散的熵,再加上简单结构的负熵和熵。其中,被截留负熵流所蕴含的自由能,组成了系统的能蓄 E_p,即

$$\frac{dS}{dt} = \frac{dS_0 - dS_{N0}}{dt} + \frac{dS_A - dS_{NA}}{dt}$$

$$\Delta E_p = f\left[\int\left(\frac{dS}{dt}dt\right)\right] \quad (4\text{-}1)$$

$$\frac{\partial E_p}{\partial(S_{N0} + S_{NA})}$$

如果外界的能量输入长期稳定,那么耗散结构进入动态平衡后能蓄耗散和熵流大小 $\frac{dS}{dt}$ 与外界输入的自由能和负熵流相等,即

$$\frac{dS_{N0}}{dt} + \frac{dS_{NA}}{dt} = \frac{dS_0}{dt} + \frac{dS_A}{dt}$$

同时,高级结构应具有更高的耗散效率,能够以更少的能蓄作为代价组织成更大的熵流,这也是高级结构出现的必要条件。可以将含高级结构的复杂系统的能蓄拆分成结构能蓄 E_{pA} 和基础能蓄 E_{p0}。

复杂系统在简单系统的基础上进一步结构化,是一种低熵存在,能蓄水平 N_{pA} 高于简单系统 N_{p0},即

$$N_{pA} > N_{p0}$$

而在同等能量规模 E_q 的前提下,复杂系统的有用能量蓄累即势能更大,即

$$E_q N_{pA} > E_q N_{p_0}$$

但是,简单系统的耗散效率低,熵流随能蓄水平变大的速率小于复杂系统,即

$$\frac{\partial \frac{dS_0}{dt}}{\partial N_{p_0}} < \frac{\partial \frac{dS_A}{dt}}{\partial N_{pA}}$$

高级结构实现相同耗散 dS/dt 速度,所需的能蓄水平 N_{pA} 比基础部分或简单系统的能蓄水平 N_{p_0} 更少。或者反过来说,能量规模一定,能量蓄累一定的情况下,高级结构的产生的熵流更大,即

E_q 相同,则当

$$\frac{dS_A}{dt} = \frac{dS_0}{dt} \text{ 时}, E_{pA} < E_{p_0} \qquad (4-2)$$

高级结构能量蓄累 E_{pA} 中相比简单系统多出的额外部分,也可以看作是更多的简单结构转化而来的,系统形成高级结构可以在保证熵流不变的情况下,永久性地释放一部分能蓄 ΔE_p,即

$$E_{pA} + \Delta E_p = E_{p_0}$$

由于高级结构自身的能蓄水平更高,耗散也更快。因此只有在环境输入的负熵 dS_N/dt,大于高级结构的最低基础耗散 dS_{A0}/dt 的情况下,高级结构才能稳定存在,反之则会瓦解,即当

$$\frac{dS_N}{dt} < \frac{dS_{A0}}{dt} \text{ 时}, \lim_{t \to \infty} E_{pA} = 0$$

站在时间的尽头来看,高级结构在系统演化的历程中扮演了一个加速耗散的角色。物质系统的本质是物质团与环境之间的不对称性,而高级结构本质是物质团内部不同部分之间的不对称性。这种不对称性来自环境,却能加速物质系统和环境的对称化。

4.1.2 自组织过程的发生条件

日常生活中的自组织现象是很常见的。这些现象的发生与系统的临界相变有着密切的关系。可能是环境发生了变化系统被迫相变,也可能是系统运动到了全新的环境,或者改变了旧的环境。我们重点讨论系统改变环境的情况,系统的能蓄水平越高,能蓄耗散就越快,耗散过程造成的环境影响也就越剧烈。

如图 4-1 所示，耗散产生的环境影响，显著地制约了系统的耗散效率。这种系统演化造成的制约效应，可以套用负反馈调解①模型来描述，它将使系统的状态向一个特定水平区间改变。而这些受到负反馈调节控制限制了耗散效率的系统，就特别需要高级结构的自组织过程来帮它打破现状。自组织能形成一个全新的不受原有条件制约的通道，补偿并加强耗散。

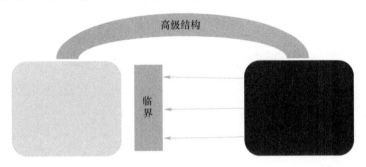

图 4-1　高级结构示意图

自组织过程的一个比较典型的例子就是气旋②气旋通常形成于夏季前后的湿热海面。由于天气过于炎热，大量的海水被蒸发到了空中，水蒸气中存在大量的热能蓄累，在温势能蓄比较少时，一些简单的层流就能在临近海域的大气之间实现充分的热交换，释放水汽中蓄累的热势能。

如果海上的某个区域形成了持续的高温天气，那么海面的空气湿度就会越来越高，而大气吸纳热能的能力是有限的，当它趋近饱和后，海水的热量就变得无处可去，这片区域就形成了一个高湿高热的"压力锅③"。

生活中的压力锅，通常有一个释放水汽的喷阀。与周围的金属锅体相比，喷阀更容易通向外界。一旦压力突破阈值，水汽就会从喷阀处喷涌而出。基于类似的原理，一旦热能得不到释放，高温区域就会自发地形成一个低气压中心，也就是气旋。如图 4-2 所示，气旋拥有一个更加复杂的涡旋结构，有风眼④和风带之分。风带的气体不断向风眼聚集，再通过一个巨大的上升通道，喷涌至气压较低的高空。

---

① 参考生态学概念，使生态系统达到或保持平衡或稳态，结果是抑制和减弱最初变化的同类变化。
② 大气中水平气流呈逆(顺)时针旋转的大型涡旋，指由锋面上不同密度空气分界面上发生波动形成，在大气中占据三度空间的大尺度水平空气涡旋。
③ 压力锅，是一种厨房的锅具。对水施加压力，使水可以达到较高温度而不沸腾，以加快炖煮食物的效率。
④ 风暴的风眼大致为一圆状范围，直径通常介于 30~65km(20~40 英里)。风眼周围环绕着眼墙(或称眼壁)，即一环状的强烈雷暴，是气旋中气候最为恶劣的地带。风眼是气旋中气压最低的部分，可较风暴外的常压低出 15%。

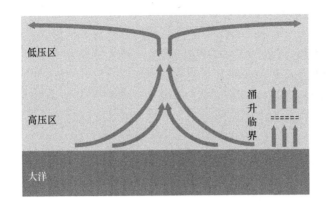

图 4-2 气旋示意图

图 4-2 中,深色的箭头表示水汽的流动。

在洋面上的大部分区域,湿度和气压均上升到了比较高的程度。因此简单的层流很难将水汽的热量带离这片区域。而气旋的风眼①是一个直接通达云霄的低压中心。水汽进入这个快速通道,可以直接将热量带到气温极低的平流层②,在那里凝结成冰,通过降水与海平面实现跨层换热,或者通过风带离开这片区域。

气旋形成的必要条件,是海面与对流层的换热趋近于饱和。此时,气旋结构作为一个跨越对流层的通道,能够让海面直接与平流层换热。平流层的热量能够在地球范围内循环,因此气旋的热量不足以使它饱和,换热效率更为稳定。限制气旋形成的,是来自重力和对流层的环境同化,它们会使得风眼结构的倾向于坍塌,即规范力场作用于高级结构形成的熵增倾向。

因此,在对流层饱和之前海面与平流层通过气旋直接换热是低效的。气旋通道将会造成额外的耗散,即式(4-2)。

从微观上来看,在对流层温度较低的时候,海面涌升的高能气流也更容易被对流层的低温气体同化,不必进入温度更低的平流层。即 3.6.1 节中,$Ee_k \geq El_{i+1}$ 的情况,对流层吸纳了涌升气流的额外能量,气流停在对流层中。当对流层相对饱和之后,耗散能力就会开始下降。此时,气旋通道的相对增益也就变大了。气旋结构还拥有规模效应,能够在成长过程中增强耗散效率。环境气流对气旋的影响,取决于两者的接触面积,即圆的周长。而气旋输送的气体和热量则取决于气旋的横截面,即圆的面积。两者是平方关系,气旋风眼结构的规模越大,环境气流产生的干扰效应就越微弱,效率也随之变高。

综合来看,气旋的温势耗散可以根据耗散效率分成三个阶段:

---

① 泛指强台风中心有明显结构的风眼和不成型但承担气流输送责任的广义风眼。
② 气旋的云顶即为平流层。

在第一个阶段,对流的耗散效率较高,气旋无法形成优势;

在第二个阶段,对流的效率开始下降,对流和气旋共同散热;

在第三个阶段,海面的温势被耗散殆尽,气旋在环境冲击下瓦解。

只要气旋耗散温势的效率够高,它的存在就有价值。假如气旋没有形成,那么高温区域的气温将迟迟得不到释放。高温天气将会积累大量的温势能蓄,一定高于气旋结构中蕴含的自由能。

另外,气旋还会在地球表面平移。在多种因素的作用下,气旋会向温势积蓄较大的区域移动,具有感知环境、适应环境的能力。如果温势的积累速度更快一些,就有可能出现木星那样的极端情况①,气旋结构也可以作为一种稳定状态长期存在。

在地球上,热带有着赤道低压带,源源不断地将气流输送到平流层,然后通过东南信风带到副热带高压带。赤道低气压带会形成上升的气流,在距地面 4~8km 处大量聚集,转向南北方向扩散运动。受重力影响,气流边前进,边下沉,各在南北纬 30°附近沉到近地面,使低空空气增多,气压升高,形成了南北两个副热带高气压带。又因为空气聚积,导致气压和温度升高,属暖性高压[24]。

信风系统可以形成能量的跨区域流动。与赤道相比,副热带的太阳直射更少,气温更低因此温势耗散更快。通过东南信风的作用,将两片区域联结在一起,可以降低赤道区域的温度,抬升副热带温度,符合系统熵增一般性原理。

气旋系统的自组织属于信风系统的补充过程,是一种局部的剧烈的上升气流。而造成巨大破坏的台风,则是气旋发生了移动。它更像是季节交替形成的临界漫化和混沌现象,在极端炎热的盛夏,台风的发生概率就比较低。

总体来看,气旋符合自组织过程发生的普遍原则。

物质系统由于环境的不对称性获得了负熵流,将其转变为自身的能量蓄累,并不断耗散。随着演化的进行,系统耗散将不可避免地触碰某个临界,或是因为耗散的过程改变了环境,或是因为系统生长遭遇了限制性因素。我们将这些限制统一理解成演化的势垒②。跨越势垒的过程,称为隧穿③。

复杂系统的自组织过程,便是基于势垒的隧穿通道形成的。由于势位壁的缘故,大量的物质无法进入能量更低的区域。而高级结构的状态中心,正好是一个连通不同能级的隧穿通道。正因如此,物质涌向高级结构的状态中心,通往能级较低的区域。它的本质是系统要加速与环境的对称化过程,通过一个环境和系统的低

---

① 木星大红斑是木星表面的特征性标志,是木星上最大的风暴气旋,长约 25000km,上下跨度 12000km,每 6 个地球日按逆时针方向旋转一周,经常卷起高达 8km 的云塔。自 17 世纪天文学家首次观测到此风暴,大红斑至少已存在 200~350 年。它已经改变了颜色和形状,但却从来没有完全消失过。

② 势能比附近势能都高的空间区域。

③ 参考量子隧穿,是指物质能够穿过它们本来无法通过的"墙壁"的现象。

熵特殊区域来实现,产生了一定的不均匀性。

4.1.3 自组织的正反馈机制

自组织问题中的最后一块拼图,是使高级结构成长的正反馈机制[25]。正反馈机制能使系统中原本微不足道的不均匀性不断扩大,实现尺度跨越。结合势垒-隧穿模型,即每次从微观跨越到宏观的自组织事件,必须伴随一种加速隧穿通道扩大的效应机制。

首先从势垒和隧穿问题谈起。

在超导、超流、量子领域,子系统的隧穿现象是比较常见的。我们也能比较清晰地观察这些过程。从单个子系统的角度出发,能否穿越势垒取决于子系统的动能储蓄。只要动能的冗余足够大,跨越势垒就完全不成问题。

在势垒和隧穿主体尺度相差较大,隧穿机率保持不变的情况下,隧穿可以被当成随机运动导致的微观涨落,具有跨度对称性,不具有后效性。假如势垒的尺度和能级与子系统相差不大,那么隧穿对势垒的削弱或子系统平均的能级上升就不容忽视了。随机的隧穿过程将具有后效性,使得后来的子系统更容易跨越势垒,最终击穿势垒。

自组织的正反馈机制本质上是一种链式反应,与燃烧的过程类似。燃烧是由击穿化学势的链式反应形成的。在自然条件下,共价键一类的作用约束了分子的运动,氧化物和还原物的结合速度很慢,可以把化学势看作一种阻碍离子运动的势垒。点火动作加速了低温分子,使它们成功地跨越势垒并发生化学反应。化学反应释放的热量,远大于共价键蕴含的能量。因此环境中的温度持续性地升高,其他分子变得越来越容易结合。一旦环境的温度高于燃点,氧化物和还原物的反应将变得不可控制。最终,所有子系统都会跨越共价键势垒,进入势位更低的区域。

在气旋的案例中,气体涌升至高空,海面的气压也因此降低。周围的空气蜂拥而至,填补涌升气流产生的空缺。另外,由于气旋的规模效应,涌升效率也会越来越高。气旋结构形成的隧穿通道对于微弱的随机隧穿,形成了不可撼动的优势。只要跨层换热需求还存在,气旋的结构就会不断生长,直至环境的某个变化限制它。

链式反应的秘密在于,每次微弱的隧穿都在一定程度上改变了系统的状态,使隧穿效应变得更容易发生。自组织是一种特殊的链式反应,它以系统中的某个状态量为中心,形成隧穿通道促成更多隧穿的发生。结合式(3.5),正反馈的隧穿效应,形成了一个状态新势阱 A' 高级结构的势阱 A' 与系统状态中心 A 并存,使得整个系统发生部分性的状态偏移。具体来说,瓦斯爆炸就不能被认为是有组织的;而火焰喷射器①则是有组织的,它的序参量源自燃料罐体内外和喷嘴与罐体的不均匀性。

4.2 生命的特殊性

生命的世界纷繁复杂,层次众多。

从水下第一个生命的萌芽开始,到石器时代的巨型野兽,再到人类第一次直立行走。生物界的个体和族群随着时间流逝不断演化,最终造就了人类文明这种有机与无机高度融合的生命形态②。

人类对于生命的探究从未停止,却总能发现新的惊奇。无数先贤基于各自的经历给出了关于生命的答卷,伯格森的"绵延"、达尔文的进化论,均是从不同的角度讨论生命的特殊性。

使生命形成的自组织原理包括三个层次。最基础的层次是生命的分子级建构。在生物学中,最基础的生物过程是新陈代谢③,即不断地吸收物质,合成核酸、蛋白质、糖、脂类这样的低熵生物大分子。

新陈代谢的载体是细胞,以此为基础形成了第二个层次的建构,生物组织的建构。在高等生物的体内,生物细胞群落具有一定的区别,彼此分工。形成了多层次、高强度的内部不均匀性,产生了源源不断的内部运动,造就了血液系统、神经系统这样的循环系统。

每个高等生物的机体都是一个自成体系的封闭系统。时间让生命从简单向复杂进化,对于每个独立的生命而言也是如此。

第三个层次,是高度进化的人类所特有的。

人类群体中形成了广泛的交流与合作,奠定了文明的基础。

我们聚沙成塔、拦河造坝,无中生有般地搭建了巨大的工程建筑,找到了取之不尽的能源④。我们按照自己的意志,全面且彻底地改造了整个世界。从分子尺度的人工元素到宇宙尺度的人造空间站,文明已经超越了生物的范畴,形成了一个巨大的有机-无机复合系统。

---

① 喷火器喷出的油料,形成猛烈燃烧的火柱,用于攻击有生力量,杀伤和阻击冲击的集群步兵。
② 出自电子游戏,席德梅尔的文明系列。
③ 新陈代谢包括物质代谢和能量代谢两个方面。新陈代谢是由同化作用和异化作用这两个相反而又同时进行的过程组成的。
④ 可再生能源,包括太阳能、风能等。

现有的科学框架很难解释生命这样的复杂巨系统①[26]。

在物理意义上的演化终点,高级结构必将荡然无存。所有生命系统都应自发地走向毁灭,甚至不该出现。柏格森着重强调了生命的脉动,这也是他与爱因斯坦激烈辩论的焦点。令人万分遗憾的是,两位大师没能给出统一意见。自此,物质学科与精神学科近乎完全分野。科学的公式理性、量化,描绘了逐渐坍塌的物质空间;人类的文明感性、直观,追寻着永恒无限的幸福浪漫。

4.3 系统论的生命观

从唯物主义的立场出发,生命也要视作一种物质系统。它具有的一定的特殊性,却并非什么神圣或不可理喻的东西。从某种意义上说,生命是独特的,其他物质系统也同样是独特的。所有的物质存在,彼此之间都有一定的区别。也正是在这种普适的差异性演化了上亿年,才有了今天的物质宇宙。

尽管物质系统的形态万千,但它们的基础构建是性质相近的原子。物质就像是一块橡皮泥②,能够基于不同的作用形成系统。而系统则代表了一种整体性的不均匀。它们彼此独立、区别于环境,拥有各不相同的序参量。

生命系统也是一种常规意义上的物质系统,其运作原理也符合物质系统的普遍共性特征,遵循物理理论的运动规律,也要符合质能守恒及熵增原理。当然,生命系统的特征也非常突出。它的组织与存在,基于化学势的隧穿。论及复杂程度和延续时间,自然界中的其他系统都远远不能和生命相提并论。

4.3.1 生命系统的存在基础

生命系统的形成过程,与气旋的自组织多少有些相似之处。如果将气旋的风眼上色,我们将得到一个类似于蘑菇云的结构模型。而生物界中的蘑菇和乔木,也同样带有一个竖直向上的主干结构。

气旋的风眼连通了大气层的不同区域。而生物向上生长,通常也是为了寻求一个恰当的活动环境。以蘑菇为例,长得更高才能接触气流,有利于传播孢子。而乔木则是为了穿透灌木或者云雾③的阻碍,以获得更多的阳光照射。

在系统科学中,具有类似结构的系统可以认为它们具有同构性④。具有同构

---

① 如果组成系统的元素不仅数量大而且种类也很多,它们之间的关系又很复杂,并有多种层次结构,这类系统称为复杂巨系统。——钱学森
② 儿童玩具,由黏土制成。
③ 加州海岸杉能长到一百米以上,有研究认为其生长目的是突破山谷中的云雾层。
④ 同构性是指世界上一切事物都具有相同的或者说是相类似的系统结构。如恒星系和原子模型,均是小质量的行星和电子围绕大质量的恒星及原子核运动。

性的系统,通常基于相似的动力学原理形成。类比于温势和气旋的逻辑,生命也可以视作化学势耗散的高级组织形式。生物细胞的运作,必须基于环境中广泛沉积的化学势能。

代谢过程将化学分子组合或拆分,释放冗余的能量以支撑生命耗散。从物理上看,化学能也是一种广义的势能。与重力势能相比,化学键中蕴含的能量更隐蔽,更难被释放。

有一种描述反应平衡点的公式,即范特霍夫公式:

$$\ln\left(\frac{K_2}{K_1}\right) = -\frac{\Delta H^\theta}{R}\left(\frac{1}{T_2} - \frac{1}{T_1}\right) \quad (4\text{-}3)$$

式中:K 为反应平衡常数。

在式(4-3)中,温度 T 每升高 10K,化学反应速率将变为原来 2~4 倍,两者呈指数关系。

另外,根据范特霍夫公式的描述还能得出一个推论,随机的氧化还原反应的发生概率与环境中的温度正相关,两者同样为指数关系[27]。对于大部分有机分子而言,地球上的环境温度相对比较低。较少的微观动能使他们很难挣脱约束彼此的化学键进而反应。因此宏观上存在许多化学性质比较稳定的物质,能蓄耗散的速度十分缓慢。

此外,地球上又时常发生雷电、火山喷发这类能级较高、持续时间较短的地质活动。它们在短时间内释放了大量的能量,其形成的负熵部分储存在分子中,以化学势能的形式临时保存下来。这些带有氧化或还原性的分子向环境中的其他区域中扩散,彼此之间的接触概率也迅速降低。之后,环境的温度又会回归常态,化学反应的速率也会随之降低。

在化学势沉积的具体问题中,有机物质团的能蓄来自频繁的地质活动。地质活动结束后,环境平均能级下降,分子键的规范力场开始发挥作用,将有机物质团捆绑一起阻碍它们氧化,形成了化学作用的广义势垒。而生命的自组织,则是针对化学势垒的隧穿过程。通过蛋白质酶、核酸酶这样的有机催化分子,可以加速释放化学能这种隐蔽且微弱的能量,并以此为代价,满足维持自身的高级结构所需的自由能。

生命的自组织假说,与生命的海底热泉假说①、有机燃料生成的无机假说②形成了某种三角支撑关系。

地质运动会导致有机分子在地壳沉积,海底热泉则是地壳和地表之间的稳定

---

① 生命前的原始海洋里存在有机分子构成的原始汤。马里亚纳海沟附近也存在大量以热泉为基础的生态系统。

② 最早由门捷列夫提出,石油和煤炭可能由含氢的无机物,在地层深处通过复杂的化学反应形成,而非由死亡的生物沉积形成。

通道,以它为中心形成了有机分子的原始汤。地壳的温度高于地表。当有机分子离开地壳后,其化学势就很难通过基础的化学反应实现耗散。而核酶、蛋白酶,正是针对化学势隧穿的高级组织形式。

更庞大的生物细胞结构,则是对热泉与周边海域的空间势垒实现隧穿的方法。高级分子结构被脂膜包裹成团,穿越化学势密度较低的区域,前往一些产生了有机汤、但是没有生命活动的区域"觅食"。穿越更严酷的势垒、攫取更丰厚的宝藏,就是生物进化的动力。

4.3.2 生命系统的演化

地球上的生命系统具备超强的延续性。根据分子生物学和古生物学的研究,所有的人类乃至大部分生物都能追溯到同一个祖先或者群落,它可能是某个生活在海底热泉的微生物,生存模式与今天的厌氧菌、古菌类似,以地质活动形成的有机物为食。反过来也可以认为,整个生物圈都由同一个系统演化而来。这个系统演化了数十亿年,质能规模增长了至少10^{31}倍[①]。

如今的生命已经离开了最初的摇篮,足迹遍布全球。生存模式也与远古祖先有了很大的不同。自植物诞生以来,支撑生命的能量基础也从环境中自然沉积的化学能扩展到利用太阳能。通过光合作用,植物可以直接将太阳向地表输送的负熵流存储于自身结构中。

生命演化历程中的种种变化,都可以归咎于临界和相变。在复制自身、增加数量的过程中,生命将不避免地离开原先的环境。面对新的环境,生命必须改变自身的形态,才能解决全新的问题。种群对于环境的适应,被总结为"进化"一词。

今天的地球上生活着数千万种不同的生物,光是得到命名的就超过了1000万种。不同物种乃至不同的个体,其生活环境和自身的形态都有一定区别。

1859年,达尔文在《物种起源》一书中,讨论了生命适应环境,环境选择生命的演化模式。后来,严复翻译了赫胥黎的进化论著作,取名为《天演论》。自此,物竞天择适者生存这句话也在中华大地上得到了广泛流传。

对于科学而言,进化论有着划时代的意义,它在神学以外,开辟了一条解释我们从何而来的道路,它也可以很好地解释了生命对于某一个特定环境的适应过程。但是,随着时间的推移,人们也发现了一些进化论不能解释的问题,即生命开拓新生境的过程。

在生物界这个系统的演化历程中,发生了太多的变化。最初的生命非常简单,却在演化中变得越来越复杂,最终拥有了认识世界、改造世界的能力。对于生命的讨论将分为个体演化、群体演化、种群进化三个层次展开,分别讨论这些过程的原

---

① 生物圈质量约10000亿吨,一个细菌质量约10^{-12}g。

理,主要包括组织形式、临界现象、正负反馈机制等。通过一种相对简单,至少是有限的符号形式,表达这些过程。

4.4 生命个体的存在与演化

生命的基础单元是一个又一个独立的生物个体。对生物个体的认知,则由人类的感性和直觉来完成。行为上具有一定的同一性[1],且分割后就会失去活动能力[2]的生物集团,通常会被当作一个生命体。它们独立地发育和生活,依靠环境中的物质或者是光合作用获取能量。

生物个体具有整体性,是一个高度复杂的系统。即使是最原始的单细胞生命,仍有数个层次的高级结构,来形成不同的生物功能。而高等动物体内的作用形式就更加多样化了,很难用言语或数学的形式将之概括。

以人为例,第一级子系统是人的功能系统,包括血液系统、免疫系统、消化系统。它们彼此之间相互分割,具有结构和功能的独立性。在一些协同机制的作用下,又被统一在人体这个大的系统框架之下。例如,呼吸系统提取氧气,血液系统输送的氧气;又如在人的大脑兴奋时,心跳会加速、肠道蠕动却会减慢[3]。

在每个功能系统中,又包含了多个具有一定独立性的器官。以消化系统为例,食物遭遇的第一道关口是口腔,之后是食道,然后是胃、肠等。

在每个器官的内部,又有各种生物组织形成的复杂次级结构。每个组织又包含海量的细胞,细胞内部又包含无穷无尽的细胞器,细胞器又由难以计量的生物大分子构成。

从生物大分子出发拼凑人体,是几乎不可能成功的。即便是将全世界所有的计算机组网,也不可能充分地模拟一个生物体内发生的全部运动。仅人类的大脑就包含了上千亿个神经元,神经突触的排列组合多样性可以媲美宇宙中全部原子的数量。

在复杂性科学中有一句至理名言,整体并非部分之和,人体也是如此。将大量的干细胞堆砌在一起,并不能得到我们想要的组织。每个细胞都需要专门的信息来诱导演化。结构越复杂,就越难通过逻辑思维和符号系统进行准确地预测。不仅如此,临界相变可能在短时间内改变系统的演化规律。所处的环境不同,影响物体的作用规则也不一样。从微观发展成宏观,将不可避免地遭遇对称性破缺,影响自身的运行。例如电子,自由的电子、原子中的电子、与宏观系统交互的电子,它们

---

[1] 哲学概念,指两种事物或多种事物能够共同存在,具有同样的性质。
[2] 海绵分割后仍可以生存,因此海绵是否独立于生命体存在争论。
[3] 交感神经系统兴奋引发的系列现象。

其中,马尔可夫原理和跨度对称性可以发挥关键作用,即式(3-23)。基于这一原理,宏观研究可以更大程度地简并甚至是忽略微观作用。另外,在发育早期,生物体内的序参量和信息量远远少于成熟后的水平。与庞大的生物结构相比,遗传物质能够提供的信息非常有限。大量的信息是外源性的,随着演化过程不断地沉积在生命体内。

简化问题的关键,就是将沉积的环境信息尽可能地忽略,只讨论那些影响演化走向的根源性的、决定性的信息。它们的数量不会很多,具体又包括两种:第一种是决定性相变的相关信息;第二种是相变临界点附近的临界巨涨落。

生命系统是生命体内部全部子系统的集合。各个子系统拥有独立的周期,但是在微观的因果相互拮抗后,却形成了宏观规律性。生命个体的演化,可以看成生命体内独立形态演化的总和,即心脏、血管、细胞、微管来自各个层次,具有一定特异性的生物结构的总和。它们的核心演化信息,是发育的条件、发育的极限,以及发育过程中环境信息发生沉积的主要形式。形象地来说,就是手在什么样的情况下会分化出指头、决定手指长度的因素,以及影响手指形态的因素。

4.4.1 生命个体的演化阶段

在自然界中,某个特定的正反馈作用对系统演化产生的影响,通常会满足逻辑斯谛方程的S形生长曲线(图4-3)。

图4-3 S形生长曲线示意图

S形曲线包括三个阶段:

第一个阶段是漫长的潜伏期。在系统状态逼近作用的相变临界之前,作用对系统的影响微乎其微,即哲学上量变的积累。

第二个阶段是演化爆发期。正反馈作用开始指数增长,对系统的影响变得越来越大,即哲学上从量变到质变的飞跃。

第三个阶段是临界缓速期①。新的临界相变开始发挥作用,原先的正反馈效应受到限制,系统演化向一个有尽头但无法触达的顶部收敛。

---

① 临界慢化现象的一种,可以作为接近突变点的先兆现象。

生命个体的演化过程,同样具有很强的阶段性,也可以分为三个阶段。

第一阶段是成长期。这一时期,生命体同化①外界物质的效率很高,体重快速增长,体型也随之变化,对应系统演化的爆发期。

第二阶段是成熟期。生命体的发育将趋于一个极限,在成年后终止,并长期保持稳定状态。

潜伏期的生命是一个微观阶段,此时我们不能将它视作一个在常规意义上的生命。例如,蛋和鸡的关系,蛋只能算一个独立的细胞,只有孵出了小鸡才是独立的生命。但是在系统的角度,鸡也可以被认为是由蛋这个系统演化而来的。

与物质系统不同,生命个体系统的第三个演化阶段,是高等生命特有②的衰亡期。生命的衰亡是生物个体演化与种群演化平衡的结果,由内部的主动机制驱动。底层的细胞会发生程序性凋亡。一些终身细胞,如心肌细胞、神经细胞,它们的数量则会自出生起持续下降。进入衰亡期的生命体,会不断异化自身物质,逐渐走向死亡[28]。

基于昂萨格倒易③和其他科学现象的普遍规律,两个系统之间的作用和影响,通常在规模和强度上是双向相等的,也称共轭④体系。生命系统的发育对外部环境高度依赖,因此,环境对生命的影响也就成了决定生命演化过程的关键因素。

有一种称为极地巨大化的现象,能够说明环境与生命的关系。这个神奇的现象是指生活在南极或北极的生命体型往往更加庞大,典型例子包括:北极熊,世界上最大的熊;南极磷虾,世界上最大的磷虾;还有巨型海蜘蛛、大王酸浆鱿等。之所以会发生巨大化,可能是因为极地高氧、低温的环境,对生物的发育结果产生了显著影响。

生物体型与氧气和温度的强关联是普适的。像是石炭纪的氧含量就特别高,孕育了身长超过1m的蜻蜓和马陆。另外,古生物学研究也发现,冰河时代的人和动物体型也更加巨大,像是克罗马农人,男性的平均身高为182cm。虽然冰河时代的食物相对匮乏,但是猛犸象、剑齿虎的体型也都远远大于今天的非洲象和东北虎。

基于耗散原理、演化量等概念,以及相关物理规律。我们能在温度与发育问题上建立一个简单的猜想模型。

首先根据一段时间内系统的演化量 E_V,即式(3-36)对时间求导,可以得到系

---

① 同化、异化是新陈代谢的两种形式,同化是把消化后的营养重新组合,形成有机物和储存能量的过程;异化是生物的分解代谢,是生物体将体内的大分子转化为小分子并释放出能量的过程。

② 也有一些包括龙虾在内的高等生命,不会衰亡。

③ 一切不可逆过程都是在某种广义热力学力推动下产生广义热力学流的结果。

④ 共轭在数学、物理、化学、地理等学科中都有出现,本意是两头牛背上的架子称为轭,轭使两头牛同步行走,共轭即为按一定的规律相配的一对。

统的生长速率,即

$$G_{E_V} = \frac{dE_V}{dt} \tag{4-4}$$

根据式(4-1)的范特霍夫公式,温度越高,化学反应的速率也就越大。而生命的基础,则是由生物酶作为催化剂,一定的温度条件下加速环境中的化学反应,进而获得自由能。

酶的作用区间比较狭窄,一旦温度超过某个区间,这些大分子空间结构就会开始瓦解,即蛋白质变性①。

如果温度继续升高,突破了分子键的相变临界,化学势就能通过水解②或燃烧的形式释放。生命会即刻死亡,生物结构和序参量也会瓦解。

基于这种现象,我们可以将生命系统运转效率,看作一个由酶的工作温度决定的分段函数。在温度 T_a 到达酶的变性临界 T_e 之前③,运转效率 η_a 随温度增长 $d\eta_a/dT_a > 0$。

一旦超过了变性临界 T_e,酶就会发生变性,生命停止工作[29]。

即

$$\eta_a = \begin{cases} f(T_a) & (T_a \leq T_e) \\ 0 & (T_a > T_e) \end{cases} \tag{4-5}$$

生物的体温取决于外界的环境温度与生命系统内部运动的放热。由于内部的新陈代谢,生命系统的温度一般高于周围的环境。这就形成了生命放热、环境吸热的能量流动关系。

总体来看,生命体内的组织都在释放一定的热值 Q_a。这些热值会通过线性叠加的方式,累积成生命的宏观发热量 Q_A,即

$$Q_A = \sum_{i=1} Q_{a_i}$$

生命的总质量和体内化学反应的总量正比于它的体积。在其他条件不变的情况下,质量越大体积也越大。

即

$$V_A = \frac{M_A}{\rho}$$

---

① 在某些物理和化学因素作用下,蛋白质的特定空间构象被破坏,即有序的空间结构变成无序的空间结构,从而导致其理化性质的改变和生物活性的丧失。蛋白质的变性不涉及一级结构的改变,蛋白质变性后,其溶解度降低、黏度增加,生物活性丧失,易被蛋白酶水解。

② 水解反应在有机化学中的概念是指水与另一化合物反应,该化合物分解为两部分,水中的 H^+ 加到其中的一部分,而羟基(-OH)加到另一部分,因而得到两种或两种以上新化合物的反应过程。

③ 酶在低温状态下活性不佳,升温后活性恢复。

单位时间的发热量 W_A 也就越大。

此外,散热能力由表面积决定。一个物体表面积和体积之间存在固定的换算关系,体积的增速要快于表面积的增速,即

$$S_A = K_{v-s} (\sqrt[3]{V_A})^2 \tag{4-6}$$

K_{v-s} 为常数,由生命体的几何形态决定。

体积和体重的换算关系也是固定的,将它与式(4-6)联立,就能推演出表面积和体重的关系,即

$$S_A = K_{m-s} M_A^{\frac{2}{3}} \tag{4-7}$$

表面积能够决定生命结构的散热能力。它的增强速度却随着体积体重增长逐渐放缓。

对式(4-7)求导,可得

$$dS_A = K_{m-s} \frac{2}{3} dM_A^{-\frac{1}{3}} \tag{4-8}$$

随着一个生命体逐渐成长,它的散热能力会越来越差。散热变差,又会在相同的环境温度的条件下造成生命体温升高。在体重较小的情况下,散热不会阻碍生命体的运转效率。然而,一旦体温超过了酶的活性临界,酶的活性就会丧失,生命体的运转效率也将一落千丈并且不可逆转。

由此推论,在温度问题上,生命系统的演化量 E_V,即生物体的体重,其边界由酶活性的温度临界 T_e 来限制。

假设外界环境的温度是常数 K_0,保持不变。

令生命的体重 $M_A = M_{te}$ 时,生命的体温到达酶活性临界 T_e。

则由式(3-38)的范式推演可得

$$G_{E_V} = \begin{cases} f(M_A) & (M_A \leqslant M_{te}) \\ 0 & (M_A < M_{te}) \end{cases} \tag{4-9}$$

当生命体重远小于临界体重 M_{ke} 时,生命的成长速率 G_{E_V} 与体重正相关。当体重接近临界水平 M_{te} 时,生命体的生长速度就开始放缓,以避免体温过高引起死亡。

而极地巨大现象的产生,可能是因为环境温度的降低有利于生命体散热,进而形成了更大的平衡体型。

在具体的作用机制上,生命系统中的各级结构通常由一层膜或者上皮组织包裹而成,是一个封闭的几何体。它们也可以被看作一个内外对流因素较少的围护型几何结构。其热交流的性质,能用一个包含传热系数 K_w 的方程来表达。散热功

率 W_A 是传热系数 K_w 与散热面积 S_A 和温差 ΔT 的乘积，即

$$W_A = K_w S_A \Delta T \tag{4-10}$$

传热系数 K_w 通常是常数，取决于材料学性质。

当生命体温振荡的最大值逼近酶变性临界时，生命的体重最大。酶的变性临界温度 T_e 可以看作常数，所以生命的最大体温也是常数。以人类为例，最佳体温是 37℃。体温一旦超过正常水平，生命体的各种系统就会陷入混乱，不能正常工作。

像人类这样的大型复杂动物，内部结构比较复杂，还有汗腺这样的散热系统存在。身体的运转率和发热量都是波动的。在跑步或者对抗病毒的时候，生命体的运转率会显著高于正常水平，散热系统也会满载运行。

假如这种现象持续一段时间，超过了散热系统的运行能力，人就会中暑，严重会死亡。而根据式(4-10)，在环境温度比较低时，散热功率会同比提升，因此冬天就很少出现中暑的情况。

体温处于平衡状态时，体表散热功率和生命体发热功率相等。发热功率，也可以看成体重与单位体重发热功率 W_a 的乘积。根据式(4-7)，散热面积可由体重推出。进而建立最大体重 M_{te} 与环境气温 T、临界体温 T_e 的关系，用变量 φ 作为它们的转化系数。

即

$$M_{te} = \varphi(T - T_e) \tag{4-11}$$

$$\varphi = f(\varphi_a, \varphi_b, W_a)$$

φ 的求解是比较困难的，只能大体合并为来自宏观形态的影响因素 φ_a、来自微观相互作用的影响因素 φ_b，以及生命体单位质量的功率三个变量共同得到。

这三个变量会随温度变化而发生变化，还有可能相互影响。因此将 φ 视为一个三元函数方程的演绎结果。

结合式(4-11)和式(4-9)，生命体的发育临界问题已经大致清晰。生命体的基础构件有它们的工作边界，像是酶变性临界温度 T_e 随着生命自身演化量的增加，周围的环境也随之改变。一旦这种改变超过了基础构件的容忍范围，发育就停止了。

套用系统论的观点，当生命体的发育到达某个临界时，系统的对称性就发生了改变。因此，带有限制作用的临界也可以看作生命演化的状态势阱。

陷入状态势阱的生命体，即完成了从发育到成熟的过渡。

4.4.2 生命系统的信息问题

生命系统中存在多个层级、种类繁多的子系统结构。每个子系统都有独特的形成原因,拥有独立的内部建构和序参量。

在当今流行的生物学思想中,生命体内所有的细胞和结构,均在同一套规范信息库的指导下完成建构,也就是由脱氧核糖核酸组成的基因库。换而言之,无论是蛋白质的高级结构还是组织与器官的形成信息全都储存在 DNA 中,由基因来控制和决定。

然而,有许多现象是这套理论不能解释的。

在 21 世纪初,通过众多科学家共同努力,完成了人类基因组的测序工作。人类基因中的信息是有限的、能够被完全掌握的。与之对比,生命体中蕴含的信息量就显得太过庞大了,几乎不可能通过技术手段复现。而基因与生物大分子中的信息也不是单纯的压缩或加密关系。用基因信息来还原蛋白质结构的工作困难重重,难寻规律①。

根据摩尔质量②来推算,18g 的水中就包含了高达 6.02×10^{23} 个分子,它们都是独立的单元,在工程上模拟它们的运动是不可想象的。

基于生物结构形成的信息系统,也不可能计算和储存 π③、e④ 这样的无理数,更不可能同步地追踪那么多子结构的运动。

我们可以用逻辑思维去分析生命体,却不能认为它是依照某种数学公式或者图纸绘成的。因为生命体不是计算机,生物框架不具备量化计算能力,也不可能依据数学结果来决策。

生命体内稳定的信息无穷无尽。而生物结构的细粒化有极限,最小不过是生物大分子级,不能无上限地保存信息。储存信息的总量 i_A 等于生物结构信息 i_a 之和,即 $i_A = \sum i_a$。这些信息以分子的特异排列和结构等形式存在,与逻辑思维的线性和数量关系有本质不同。可以认为,生物在演化和发育过程中没有处理任何具体的数量信息,也不具备处理数量信息的能力。真正影响演化进程的是形形色色的临界和相变。一旦演化突破了某个客观作用的临界点,自然界的普适规律会让这个作用自发地进入另一个状态。即当 A = B 时会发生某件事,而 A 和 B 的数量仅在主观的分析框架中存在,是对环境中具体作用的抽象。譬如体温到了某个

---

① 目前主要通过人工智能的方法预测蛋白质结构。基因与到蛋白结构并非简单的线性递归,人工神经网络承担了建构环境信息的工作。
② 摩尔质量是一个物理学单位,单位物质的量的物质所具有的质量称为摩尔质量。
③ 圆周率,约 3.1415926。
④ 自然对数的底数,约 2.7182818284。

水平,组织就不生长了。具体程度在根源上取决于细胞群的整体性质。

在气温与体重上限的例子中,酶的变性温度、结构的散热量、物质的密度,全是由自然规律决定的,它们之间的条件关系可以非常简单,只需两个参数和一个系数的就可以表达,即式(4-9)。

生命系统的演化问题,可能由好几组关系共同来判断。这些判断关系共同组成了生命结构演化的条件阵列。

即便是少量的结构演化规则也能在复杂环境中产生多元的结果,进而在一个相对有限的符号系统中规范生命演化的具体过程。

对于同一个种群的生命而言,这些条件阵列具有跨个体的共同性。条件阵列中的规范信息主要是先天的。储存在 DNA、蛋白质这些生物大分子载体中,属于遗传学和表观遗传学的研究领域。而更层级的高级结构,像是组织、器官,还存在其他的继承机制。有部分信息来自于母体子宫、激素的协同作用,例如欧洲麦蛾的复眼色素问题,就反映了母体信息对生物的影响[30]。

要想复原高层级的高级组织,只有底层级的信息是远远不够的,这可能是导致干细胞技术屡屡遭遇失败的原因之一。用重整化群思想来理解,生命体内的高级结构是低级结构的群体表现。但某个具体的低级结构却很难对高级结构产生什么影响。只有当所有的低级结构都存在某种系统性不同时,群体的表现才会偏移。

这一过程中,基因只需储存造成相变的条件种类,就能指导生命的演化。把整个生命体所需的演化条件放在同一个细胞核中做判断也是完全可能的。

4.4.3 环境信息的沉淀机制

生命的发育经历是一个从简单到复杂的过程。究其根本,所有高级结构中的信息,都是环境与系统交互作用的结果。决定它的主要规律有高级结构涌现条件、结构在环境信息引导下的延展,以及结构的分形三个来源。

在具体机制上,是由那些具有遗传性的规范信息来整合其他环境信息。在这一过程中,规范信息提供了一套解决方案,再根据环境信息的变化选择相应的演化阶段和形式。

早在春秋战国时期,中国的先哲们用一句"橘生淮南为橘,生淮北则为枳①"。来概括环境对演化的影响,一语道破本质。同样的生命在不同的环境下演化,系统发生对称破缺的相变临界点是截然不同的,因此发育的最终形态也会有所区别。

假如生命体所处的发育环境与先代的传统发育环境区别很大,那么规范信息中存储的某些条件关系就可能永远得不到表达,也就是规范信息给定的条件范围,与环境的变化范围无交集。在 21 世纪初十分火热的克隆领域,这一现象的影响就

---

① 出自《晏子春秋·杂下之六》。

非常显著。

早在 1997 年克隆羊多利就已经问世了,但直至 2021 年,对人类的克隆仍没有成功。人类和其他灵长类的发育条件非常苛刻,克隆胚胎的生存率很低。而人类的卵子又非常珍贵,无法像克隆羊那样以量取胜。在克隆胚胎中,DNA 的信息和正常生命是完全一样的。容纳 DNA 环境,却从卵细胞核变成了体细胞核①,其生存概率就大幅下降了。同样,基于干细胞培育技术的再生医疗,也没能发生奇迹。

在人体环境之外培育器官比想象中困难得多。连膀胱、尿道这样的简单结构都很难实现,像心脏这样的功能器官更令人绝望。即便有一个现成的心脏框架,把心肌细胞②挨个放上去,也不能形成正常的功能。

在现代社会中,人类的生存环境发生了巨变,均与发育环境的变化有关。

越是高级的结构,对环境的要求越高,严苛程度随着层级升高呈现出指数关系。只有细胞级别的运行完全正常了,才能形成组织、器官。

即便是在正常人群中,以肥胖症为代表的亚健康也变得越来越常见。原始环境下,生物体重的增长主要是依靠氧气、体温这些客观因素来限制。当体温增长到临界水平 T_e,酶和蛋白质的效率就开始下降,限制了人体的运行。但在现代社会中,人体的演化环境变得很不一样,原先由体温来限制体重的 $T_e - M_{te}$ 关系,不再能很好地发挥作用。

规范信息的表达依赖于环境条件的涌现,因此环境信息对演化的影响也是巨大的。

在一个环境中能正常涌现的规范信息,到了另一个环境中就不一定能涌现了。长期在地球上进化的哺乳动物,进入太空后就无法繁育后代③,因为没有重力的帮助,液体无法流动、受精卵也无法着床。

一旦环境发生了变化,演化的结果也会大不一样。

同一组规范信息,能够根据不同的环境条件,引发不同种类的后果。典型的例子是鳄鱼的性别问题,只有 34~35℃ 孵化的鳄鱼卵会变成雄性,而其他温度孵化的鳄鱼卵都是雌性。全球温室效应可能会导致一些鳄鱼种群消亡。环境因素是生物个体系统演化的关键,重要性不亚于遗传物质。要想研究生命体的演化过程,就必须结合它所处的环境一起分析。

还有一种奇特的生物,以多个生命体甚至多个物种的细胞为基础,发展成宏观的嵌合体,这就是地衣。它们甚至能跨越真菌和植物的界限,两者联合后会形成原杉藻这等身高 8m、以菌丝为主干且能够进行光合作用的生物。

---

① 通过咖啡因、去甲基化等手段,可以削弱细胞核的环境影响,变相地加强卵细胞的环境信息的影响力。
② 心肌细胞又称心肌纤维,有横纹,受植物性神经支配,属于有横纹的不随意肌,具有兴奋收缩的能力。
③ 蟑螂、植物可以正常繁育,小鼠不行。

原杉藻的案例充分说明了基因与环境的关系。同样的基因信息完全有可能演化成完全不同的生命形态。一个宏观的生命形态的信息可以由多个信息库共同规范。

4.4.4 结构的规范原理

生命结构的不同之处在于其独特的形态或者功能特征,是在演化的过程中基于各自的规范和条件发育而来的。生物结构的演化发育基于自组织的原理,总是以某一个状态为中心展开向外延展。在环境和临界因素的影响下,不同方向的生长速度也可能存在显著区别。在生物学中,这样的区别发育现象被称为不同维度的异速生长。同一个结构中,不同维度 X、Y 的生长速度通常表现为倍数或指数关系,即

$$Y = bX^a \tag{4-12}$$

异速生长的例子有很多,如陆生脊椎动物的大腿骨[31],大腿骨主要用来支撑身体,而结构的承重能力总是与横截面积成正比的,像古埃及的金字塔结构,也是通过堆积更大的横截面积来建造承重要求更高的底座。

在人体中,占比较大的肌肉、结缔组织①发挥的承重作用往往比较小,因此重力对这些组织的限制和引导也很小。大部分组织倾向于简单堆砌,不会形成高级结构。没有引导的组织会延展成球形,在一个维度的引导下延展,会形成圆柱。

人体的形态不随身高发生大的改变,因此身高 L 每增加 1 倍,体重 M 和体积 V 会增长约 8 倍。假如骨骼系统也按照相同的比例发育,那么横截面积 S 只能增加约 4 倍。骨骼将因为不能支撑身体的体重而折断,即

$$S = K_S L^2 \text{ 且 } V = \frac{M}{\rho} = K_V L^3$$

得

$$\frac{M}{S} = L \frac{\rho K_V}{K_S} \tag{4-13}$$

式中:K_S 为表面积和身高的固定换算系数;K_V 为体积和身高的固定换算系数。根据式(4-13),骨骼横截面积与体重的比值 M/S 随体型尺寸 L 的增加而增加。随着生物体型的变大,骨骼的形态必须持续变得粗壮,才能保持稳定的承重功能。比如,小孩和女性的骨骼会显得比成年男性纤细很多。这种差距在不同的生物之间更加明显,如青蛙的腿骨可以当软骨吃,而大象的腿则像树桩那样粗。

大腿骨骼异速发育的深层次原因是地表时空维度的作用具有不对称性。由于重力的存在,引力圈内的物体会产生一个向下的加速度,而前后左右却不受影响。

对于生命而言,重力的作用会在体内留下来源于环境的信息。

---

① 结缔组织由细胞和大量细胞间质构成,结缔组织的细胞间质包括液态、胶状或固态的基质。

细胞不具备测量重力然后指导骨骼的生长的能力。形成大腿骨骼异速生长的具体机制,只能是基于环境条件的涌现,使一类作用与另一类作用的关系发生了变化,从而影响了骨骼的生长。

具体来看,重力与骨骼结构相互拮抗的过程完全遵循物理学的基本规则,与规范信息系统无关。假如骨骼结构中的钙质不够,那便有可能出现骨质疏松①。假如重力变小了,人就有可能长得更高。

这些事情生物规范信息系统管控不了,也无法监测。而重力对骨骼的限制原理,与4.4.2的体温限制体重十分类似。规范信息通过条件关系来限制发育。深入分析,条件关系又可以在三种场景发挥作用。

第一种是演化爆发对环境的要求,是高级结构的涌现机理,简称发育条件。

第二种是环境对结构发育过程的影响,简称引导条件。引导条件能够导致一个结构根据重力、光照或某种激素,产生积极或者负面的生长效应。例如骨骼组织受到重力影响,就可以认为骨骼发育受重力引导,而上皮组织的发育则与重力无关。发育条件决定一个结构是否要发育生长,而引导条件则决定了哪些因素会影响结构的生长。两者可能是由同一种自然现象造成的,但是与结构的作用形式不同。

第三种是自组织的内部约束条件,即分形。在自组织系统内部,高级结构可能会自主分化,产生新的序参量。分化后的板块通常会呈现出固定的条件关系,可能是分叉关系也可能是分割关系。分叉问题比较抽象,它指的是在一个结构中复杂的干支关系或主次关系。例如大型动物的血管系统,就属于典型的干支关系。主动脉血管和毛细血管的结构非常类似,但是大小相差甚远。从主干到枝干有着一个平滑的过渡,可以认为它们是依据同一套规范信息建构而来的。类似的现象还有很多,例如树枝的分岔,甚至还包括了非生命的雷电、河网等。

对于分割的问题有着更长久的历史,最著名的就是黄金分割。这不仅是一个科学问题,还在艺术、工程乃至神学领域得到了广泛运用。著名画家达·芬奇就痴迷于黄金分割②的研究,并将之运用在《蒙娜丽莎的微笑》等知名画作中。

生命体内的黄金分割现象也屡见不鲜,例如人的上下肢比例,通常就是4∶6的黄金分割。在非生命系统中,黄金分割同样常见,水涡、气旋的旋涡,还有银河系的宏观旋涡结构,都是十分标准的黄金分割螺旋。

从数学上看,黄金分割的表现形式是比较复杂的,短段与长段的比值是一个接近0.618的无理数,即$(\sqrt{5}-1)/2$。同样,长段与整段的比值也是$(\sqrt{5}-1)/2$。

无论是银河系还是生命体,都不可能像计算器那样实现精确计算,也不可能通

---

① 骨密度和骨质量下降,骨微结构破坏,造成骨脆性增加。
② 黄金比例被公认为是最能引起美感的比例,因此被称为黄金分割。

过数量的方法去逼近一个无理数。因此黄金分割的数量关系,只可能在某些条件的约束下形成。

通过条件约束形成黄金分割非常简单。使长段 a 与短段 b 的比等于整段($a+b$)与长段 a 的比,整段结构就满足黄金分割。

即

$$\frac{a}{b} = \frac{a+b}{a} \tag{4-14}$$

而 $(\sqrt{5}-1)/2$ 的数值比例正是式(4-14)中 a/b 的唯一解。

推导如下:

$$令 \frac{a}{b} = k \text{ 代入} \frac{a}{b} = \frac{a+b}{a}$$

$$得 b^2(k^2 - k - 1) = 0$$

$$因为 b \neq 0$$

$$解得 k = \frac{-1 \pm \sqrt{5}}{2}$$

同时,a 和 b 均为正数,所以 k 取正数解 $(\sqrt{5}-1)/2$,与式(4-14)的条件约束关系是严格等价的。

从系统科学的角度来理解,分割或分叉结构可以看作系统结构在演化中达成的动态稳定,或者是发育的共动势阱①。在规范的控制下,结构中的不同部分,总是倾向于发展成某种比例。

如果 a 部分长得太大了,那么 a 的相对生长速率 G_a/G_b 就会下降;相反如果 b 部分太大了,那么 a 的相对生长速率 G_a/G_b 就会上升。

即

$$\begin{cases} \frac{G_a}{G_b} < \frac{a}{b} \left(\frac{a}{b} > \frac{a+b}{a} \right) \\ \frac{G_a}{G_b} > \frac{a}{b} \left(\frac{a}{b} < \frac{a+b}{a} \right) \end{cases} \tag{4-15}$$

在相对周期较短、系统内部规范较强的情况下,这种伴随生长过程的动态平衡性,能够形成相当精确的分割结果。

分叉和分割现象也具有普适性。在非生命的自组织系统中也同样适用,例如海螺的螺纹和台风的涡旋、宇宙的星系网络和人类神经系统就有着惊人的相似性。只要约束演化生长的条件关系类同,不同的基础构件也能发展成相似的宏观结构。

---

① 共动体系的相对稳定状态。

生命系统也并非什么特例,只是层次比较多,结构比较复杂。

4.4.5 生命个体演化综述

生命个体系统的复杂性,主要来源于生长环境是发育过程中根据种种临界条件和环境的具体状况应变的结果。

在这些条件信息中,最关键部分就储存在生物结构里,能够在代际更迭中传承,它们与不随代际变化的环境特征交互,形成了生命种群的共性形态。

也正因为这些信息能够保持相对稳定,所以整个物种的演化结果拥有一定的共性,个体的演化历程也是可以在一定程度上预测的。

规范条件信息与环境中客观作用的关系,可以用集合论来分析。

首先,将生命体中不同类别子结构的规范信息,设作独立单元 X_i,数量一共有 i 个。在规范信息集中,最基础的是发育范围条件集 D_i,它决定了结构生长的合理范围。D_i 设作由 4 个客观条件决定的两组关系式。

其中,两个条件决定发育的启动关系,即发育的启动阈 B 和启动子 ϵ_B。另外两个条件决定终止关系,即发育的终止阈 E 和终止子 ϵ_E。启动阈和终止阈通常是一些不随演化改变,或者变化较慢的客观条件。而启动子和终止子的变化速率比较快。

在系统演化潜伏期向爆发期过渡的阶段,启动子虽然小于启动阈,但是随着时间的流逝,两者将会不断逼近,即

$$\frac{d\epsilon_B}{dt} > \frac{dB}{dt} \text{ 且 } \epsilon_B < B$$

当启动子突破启动阈,即 $\epsilon_B \geq B$ 时,正反馈效应就会发生,使演化速率增加,结构进入演化爆发阶段。

在演化爆发期,终止子开始追赶终止阈,即

$$\frac{d\epsilon_E}{dt} > \frac{dE}{dt} \text{ 且 } \epsilon_E < E$$

当终止子的数值逼近终止阈,即 $\epsilon_E \to E$ 时,负反馈效应将使结构的演化速率放缓,结构进入成熟期。

这 4 组信息构成的条件集 D_i,即

$$D_i = \{\epsilon_B, B, \epsilon_E, E\} \tag{4-16}$$

当 $\epsilon_B \geq B$ 且 $E \gg \epsilon_e$ 时,系统处于演化爆发的发育阶段。

一个处于发育阶段的结构,会受到来自环境和内部的影响。

结合式(3.6)和 3.1.3,即以隧穿通道 $Og = \{X_o, Y_o, Z_o\}$ 为中心,产生了规范力场 S_f。

在理想情况下,规范效应力场以组织中心为起点均匀地作用于系统中的物质,物质向组织中心聚集的过程也是平滑的。但是在现实环境中,外源性的因素会打破规范效应力场的均匀性,在不同的维度形成异速生长。从系统的角度出发,也可以当作环境信息对是组织发育的引导。

假设某一个结构 i,能够影响它的有 j 种环境因素 f_j。

即集合

$$F_i = \{f_1, f_2, \cdots, f_j\}$$

此外,内部的不同隧穿通道间还可能存在相互拮抗的约束效应。可以认为是两个组织中心的演化量,形成了一组固定的函数关系,即

$$Ev_a = f(Ev_b) \tag{4-17}$$

我们假设一个系统 i 中的子结构,产生了 k 种函数关系,那么形成约束函数集就是

$$H_i = \{f_1(x), f_2(x), \cdots, f_k(x)\} \tag{4-18}$$

为了简化问题,我们忽略启动和终止临界点附近的过渡过程①。

当发育条件 D_i 中 $\epsilon_S \geq S$ 且 $E > \epsilon_e$ 的关系得到满足时,源自系统内外的条件信息集 H_i 和 F_i 就开始发挥作用。当发育关系未得到满足时,生物信息系统陷入整体沉默,系统演化完全由物理规律来支配。

即

$$G_{X_i} = \frac{dEv_{X_i}}{dt} \tag{4-19}$$

$$\frac{dEv_{X_i}}{dt} = \begin{cases} f(F_i, H_i, t) & \epsilon_B \geq B \text{ 且 } E > \epsilon_E \\ 0 & \epsilon_B < B \text{ 或 } E = \epsilon_E \end{cases}$$

一个结构的规范信息 X_i,包括了这个结构的发育条件集 D_i、不同环境影响因素 F_i,以及结构内部的子系统约束关系 H_i,即

$$X_i = B_i \cup F_i \cup D_i \tag{4-20}$$

整个生命体的规范信息集 L,则可以看作全部结构种类的信息之和,即

$$L = \{X_1, X_2, \cdots, X_{i-1}, X_i\} \tag{4-21}$$

仅凭生命体内的信息,还不足以描述整个演化过程,也不能预测生命体的最终形态。这是因为条件关系的本质其实是环境中的客观因素之间的关系,如果环境变化了,那么这些客观因素的关系也不同了。

同样的生物本征信息在不同的环境下会演化成不同的结果。多数生命体的发

---

① 相变临界点会发生临界慢化现象等。

育环境与先代高度类似,因此它们的发育结果也是类似的。然而在环境略有变化的情况下,生命体有可能向着另一种形态发育,即异形发育①。在异形发育的情况下,引导条件 F_i 和发育条件 D_i 都会出现变化。例如基因相同的鳄鱼卵,在不同的温度下分别孵化出雄鳄鱼或雌鳄鱼,两种鳄鱼应当被视作不同的生命形态。

启动阈和终止阈的具体变化机制,则参考气体相变问题。气体的沸点温度 T 与压强 P 还有体积 V 之间就构成了一个复杂的三角关系。我们用两个非线性函数来表示它,函数的参量取物理关系中对阈值有影响的变量,即

$$B = f(b_1, b_2, \cdots) , E = f(e_1, e_2 \cdots) \tag{4-22}$$

式中:$b_1, b_2, \cdots$ 和 $e_1, e_2 \cdots$ 分别为决定启动阈和终止阈的次级参数。

启动子 ϵ_B 变化机制也是如此,在演化爆发之前,启动子 ϵ_B 由环境中的条件振荡来决定。而终止子 ϵ_E 就很特殊了,不仅会受到环境的影响,还有来自结构自身演化量和演化指数 λ_{E_V} 的影响,终止子的数值随演化指数一同增加,即

$$\epsilon_B = f(\varepsilon_{b_1}, \varepsilon_{b_2}, \cdots), \epsilon_E = f(\lambda_{E_V}, \varepsilon_{e_1}, \varepsilon_{e_2}, \cdots) \tag{4-23}$$

$$\frac{\partial \epsilon_E}{\partial \lambda_{E_V}} > 0$$

式中:$\varepsilon_{b_1}, \varepsilon_{b_2}, \cdots$ 和 $\varepsilon_{e_1}, \varepsilon_{e_2}, \cdots$ 分别为决定启子阈和终子阈的次级参数。

生命个体的生长发育是体内各个结构发育的总和,即

$$E_{V_A} = \sum_{i=1}^n E_{V_{X_i}} \tag{4-24}$$

对于生命个体而言,它的发育是从受精卵开始的。因此我们也可以将受精卵②状态下的胚胎③当成一个自组织系统,由它的启动子 ϵ_{B-A} 启动。那么在不考虑终止的情况下,系统整体的发育速率 G_A 则为

$$G_A = \begin{cases} \sum_{i=1}^n G_{X_i}, \epsilon_{B-A} \geqslant B_A \\ 0 \quad , \epsilon_{B-A} < B_A \end{cases} \tag{4-25}$$

组成生命体的子结构数量极为庞大,生命个体演化的方程其实也是相当复杂的,通过数学实现准确预测的难度很高。

简化运算的关键在于利用复杂性科学的原理,将平均场论和马尔可夫过程作为主要工具,一些比较微观的作用就可以被视作一个整体,尽可能多地考虑结构之间的层级关系,忽略没有影响的具体作用。

---

① 畸形也可以归入广义的异形发育,部分异形发育不会导致功能丧失。
② 无性繁殖的生命直接由母体的一部分直接形成新个体。
③ 胚胎早期形态通常是接近球形的细胞团。

4.5 生命群体的演化原理

在物理规律的制约下,独立生命体的发育演化是有极限的。

如果环境中化学势能的密度足够高,远远超出个体生命所需,那么生命演系统化就会进入第二个阶段,通过繁育增加种群的数量。

对群体演化的研究也有很长的历史了。最经典的莫过于讨论人口增长的马尔萨斯[①]人口理论。在该理论中,本能是人口增长的主要驱动力,它使群体中的人口数量将呈现指数增长,每 25 年就可以增加约 1 倍。另外,环境中的资源总量是相对固定的,例如耕地面积、能源储量等。

马尔萨斯认为,既然人口的增长速度和生产力的增长速度不匹配,就应该采取政策或用道德的手段来调控宏观的出生率。在人口增速过快的情况下,提倡人们晚婚晚育,降低出生率。平衡有限的资源和过度增加的人口,就可以避免负面事件的发生。

这套理论有它的时代局限性,因为它是基于农耕社会和工业社会早期的视野建立的人口理论。随着科技的进步,人们的生活环境已经有了很大的变化。

一方面,近现代的生产力水平进步速度特别快;另一方面,催动人口增长的本能,不再能够正常地发挥作用。环境的剧变还在人类社会中造成了某种群体性的适应不良问题。在多重因素的共同作用下,马尔萨斯模型已经不太适用于现代社会了。

不过对于人类以外的生命种群,马尔萨斯理论仍旧是有效的,能够比较准确地预测种群规模的变化。典型的应用有城市流浪猫的种群问题。

从系统科学的角度出发,群体演化的增长和极限,可以看作生命系统的又一次有边界的演化爆发。整个种群的数量变化,可以分为指数增长、缓速增长、稳态三个大的阶段。分别对应系统演化的第二阶段、第三阶段的临界慢化期及稳定期。

时间和种群数量两个参量,以及生命体的繁育能力、资源的获取能力、消费能力、环境的资源丰度四个常量共同构成了两个临界点。

能够作为开拓者进入一个新生境的个体往往很少。在群体演化刚开始时,环境中的资源相对而言比较充裕。因此,群体演化的初期通常是一段时间比较长的指数发展期。

但是自生命进入环境起,环境中的资源总量和资源密度均会开始下降。与生命系统的快速耗散相比,化学势能的基础耗散速度缓慢,可以认为是稳定的。而生

[①] 托马斯·罗伯特·马尔萨斯,1766—1834 年,英国教士、人口学家、政治经济学家,著有《人口学原理》一书。

命获取资源的能力是有限的,随着种群数量的增加,资源丰度会逐渐降低,导致一部分生命无法获取足够的生存资源,这个瞬间可以被视作群体演化的第一相变临界点。之后,种群的繁衍速度就开始受到制约。

越过第一临界点,群体演化就会进入第二阶段减速期。在这一阶段,部分优势个体仍能保持一段时间的繁衍。但是,随着消费的不断增加,整个种群的数量终将饱和,系统将会进入第三阶段稳定态。

真实情况通常还会更加复杂一点。生命系统也有一定的能蓄水平包括体内的脂肪、储备食物等,它的耗散是渐进的而非瞬间的。因此对环境变化的响应不够及时时,会出现种群数量仍处于高位,但环境资源突然真空的情况,由此就会引发灭绝事件。

因此,群体演化第三阶段通常会以周期振荡的形式存在[32]。食物链①可以削弱这种现象,因为高位生命的繁育会调控低位生命的数量,使得整个系统对环境变化的响应速度加快。

4.5.1 群体演化的逻辑斯谛方程

经济学家将马尔萨斯理论的核心思想转化成数学公式,可以推广为种群演化的通用模型,即逻辑斯谛方程[33]。

在该模型中,一个时刻的种群数量 N_{t+1},由上一个时刻的种群数量 N_t 迭代得来。生命体的繁育能力则决定了代际的更新系数 r,即

$$N_{t+1} = N_t r \tag{4-26}$$

从开拓者的基础数量 N_0 启动迭代,则某个世代的种群数量 N_{t+1} 就相当于从原始状态开始,繁育了 t 次,即

$$N_{t+1} = N_0 \prod_{t=0} \frac{N_{t+1}}{N_t}$$

$$N_{t+1} = N_0 r^t \tag{4-27}$$

在种群演化的第一个阶段,种群数量与时间呈简单指数关系。由于种群数量较小,虽然消耗了部分资源,但是对资源丰度的影响相对微弱,所有个体都能得到满足。环境中的多数资源被浪费了,在简单耗散的作用下衰变。

可是随着种群数量的指数增长,环境的整体能蓄水平,也就是资源的积蓄水平开始下降,弱势个体无法获得足够的生存资源,即环境的资源丰度 D_t 低于弱势个体的生存能力 C_0,演化就进入了第二阶段。

将进入第二阶段的种群数量设为第一临界 N_{k1}。当种群的数量超过第一临界

---

① 生态系统中各种生物为维持其本身的生命活动,必须以其他生物为食物的这种由生物联结起来的链锁关系。

时,限制增长的因素就会被引入方程。尽管如此,优势的个体还是能繁育,种群数量还在增长,但斜率下降。

环境中的资源丰度 D_t 等于初始资源丰度 D_0 减去种群繁衍造成的丰度损耗 $f(\sum_t N_t)$。资源的消费函数和弱势个体的获取资源的最低丰度 H_0,由种群特性和环境适应性决定,即

$$D_t = D_0 - f(\sum_t N_t) \tag{4-28}$$

当 $D_t = H_0$ 时,$N_t = N_{k1}$

在种群演化的第二阶段,增长速度受到制约。具体可能表现为群体内部的竞争或生存环境的恶化。其烈度与平均资源的量呈指数关系。资源越少,竞争越激烈,取系数 μ_a 和 μ_b 表示压制因素。距离临界越远,压制效应越明显。

即

$$N_{t+1} = N_t[r - \mu_a(N_t - N_{k1})^{\mu_b}] \tag{4-29}$$

也可以用延迟积分来表达。

如图 4-4 所示,在简化模型中,种群数量会无限逼近第二临界 $k2$,并长期保持这一水平。而真实情况可能是种群数量出现周期振荡,这一问题后续会讨论。

结合式(4-25)、式(4-28)得

$$N_{t+1} = \begin{cases} N_t r & (N_t \leq N_{k1}) \\ N_{t+1} = N_t(r - \mu_a(N_t - N_{k1})^{\mu_b}) & (N_t > N_{k1}) \end{cases} \tag{4-30}$$

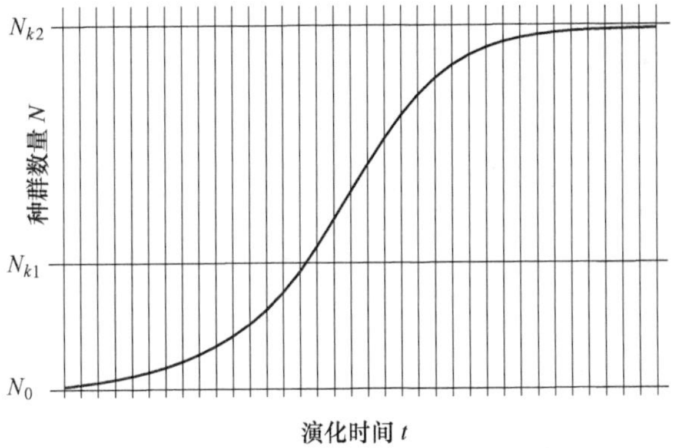

图 4-4 群体演化示意图

4.5.2 人群演化的特殊情况

马尔萨斯理论不能解释现代社会的人口问题。发达国家的低生育率问题不能用饥饿、暴力问题来解释。

生育率下降的原因,是科技进步改变了生活环境。而人类的原始本能则在现代环境中出现了广泛的适应不良,不能再有效地驱动繁衍。认知和决策的根源是人的感性情绪。

通过逻辑斯谛方程来分析,也可以认为,在当代环境中,人类本能形成的繁育系数 $r < 1$,进而造成了种群数量减少。坚持发展进一步改善生活条件也许能扭转这一趋势,但生育率下降只是现代病的系列问题之一,它们由共同的相变临界造成。

随着文明的进步,社会环境的变化已经接近人类的适应极限。科技、法律和道德必须更加尊重人性。人类很难承受更多的环境变化了。

4.6 生命的进化

进化是伴随生命演化发生的一种系统性作用。

在生物种群代际更迭的过程中,环境因素会不断重塑生命形态。这一过程使生命个体对环境的平均适应能力变强,复杂程度上升。

传统的生物进化理论,主要讨论生物种群在稳定环境中的进化,主要以达尔文和赫胥黎的"物竞天择,适者生存"进化原理为代表。不同的生命在环境中相互竞争,筛选出适应性更强的个体。这些个体有着更大的繁育系数,在迭代中获得优势,最终强化种群[34]。

如果生物种群在有针对性地适应某个稳定环境,那么最优解通常是唯一的。这导致了一种名为趋同进化①的现象,例如鱼类、蜥蜴进化而来的鱼龙类②,哺乳动物进化而来的鲸类,就在体态特征上高度相似。

结合式(4-17),出现这种现象,可能是因为在同样的演化环境里,沉积的信息也出现了高度的相似性,造成引导条件和发育条件趋同。唯一的最优解又必然会导致生物之间的特征趋同、差异性减小。因此趋同进化也可以看作生物系统之间的状态趋同或广义熵增。

然而,根据古生物学的研究,生物多样性却随时间流逝不断攀升。生命体从大海登上陆地,从陆地飞上天空。新的生态位中,生命也演化成了全新的形态。鱼鳍演变成爪子,爪子又演变成翅膀③。

开拓新生境的生命变得复杂,只有留在海底火山口的生命始终保持原始状态,

---

① 即源自不同祖先的生物,由于相似的生活方式,整体或部分形态结构向着同一方向改变。
② 鱼龙是一种类似鱼和海豚的大型海栖爬行动物,生活在中生代的大多数时期,最早出现于约 2.5 亿年前。
③ 鸟类的翅膀由前肢演化而来,昆虫的翅膀由胸部背板或胸部侧叶或气管鳃演化而来。

在海底滤食①的生命次之。更激进的生命体则向海洋游曳、爬上陆地，体型变得越来越庞大，能力也越来越强。拓展全新生态位的进化，我们将其归为第二类进化。传统的进化论，对于第二类生物进化的解释能力是相当有限的。

成功拓荒新生境的生命体，往往不是旧世界中竞争力最强的，更多的是一些优势大类里的边缘种群。例如鸟类的祖先②，其体型、能力都不是恐龙中顶尖的；鲸鱼的祖先③也不是最强势的哺乳动物。它们在原先的生活场景中，可能受到了优势种群的欺压，被逼无奈才会尝试去开拓一个全新的场景。

人类社会亦是如此，航海时代开启后，最早的美洲移民是欧洲文化圈的亡命之徒，澳大利亚也是著名的刑事流放地。

针对第二类进化的解释需要一套全新的理论框架。

纵观地球生命数十亿年的演化史，我们会发现，地质环境和生态系统的剧变强力地推动了第二类进化。引用间歇平衡论的观点，进化速率并非匀速而是忽快忽慢的。进化过程的几次重大瓶颈，均是借助了大灭绝的力量实现了突破。

第一次瓶颈突破，发生在大约8.5亿年前至6.3亿年前。当时，整个地球曾被冻成雪球，因此这段时间也被称为成冰纪。这个时代的生物在海洋里生活。由于气温过低，海洋被完全冰封，阳光无法进入大海，生物界也发生了大规模的灭绝事件。可随着海洋逐渐解冻，地球上第一次出现了复杂的多细胞生物，经历了埃迪卡拉纪的过渡，最终在寒武纪发生了物种多样化爆发。寒武纪爆发持续了大约0.2亿年的时间，以生物分类的属计算，物种数量到达了200~300种。

第二次瓶颈突破，发生在4.9亿年前。寒武纪后，物种多样化经历了一段时间的平台期。直至约4.9亿年前，发生了一次生物集群灭绝事件。随即，生物多样性进入了第二个快速发展期，使生物属的数量上升至约1000种，史称奥陶纪辐射。可好景不长，在4.5亿年前至2.5亿年前的这段时间里，生物多样化的发展又陷入了停滞，因此也被称为古生代"高原"。

第三次瓶颈突破的推手，是二叠纪末的大灭绝事件。它灭绝了约60%的海洋生物属。随后，生物多样性的发展进入了全新的阶段，以哺乳类、爬行类、真骨鱼类为代表的类群得到了快速发展，形成了中生代-新生代辐射。使今天的生物属数量上升到了大约5000种[35]。

大灭绝与物种多样化之间的联系提供了研究第二类进化机理的线索。

从生物信息的角度出发，生物的本征信息是在适应环境的过程中逐渐累积的。

---

① 滤食动物是以过滤方式摄食水中浮游生物的动物，包括主动滤食者和被动滤食者两类。

② 始祖鸟一般被认为是爬行动物到鸟类的中间类型，仍属于恐龙，生活在侏罗纪晚期，隶属于恐爪龙下目。

③ 英多海斯可能是鲸鱼的先祖，是新世已灭绝的偶蹄动物，生存于4800万年前的亚洲。

同一个环境能向生物提供的信息有上限,因此生物信息积累到一定程度后,想要继续积累就只能从多个不同的环境中获取信息。随着生物系统适应过的环境越来越多,它的本征信息库也变得越来越庞大。

在人类身上,就留存着我们先祖适应环境积累的信息。人类胚胎发育的早期过程与鱼类基本一致。我们的身体中也保存着人中①、阑尾②、尾椎③这些平时不太需要的组织结构。它们随时都有可能在新的场景派上用场。

高等生命增加复杂度的主要方式就是开拓新环境、适应新环境。只要是能被生命适应的环境,就必然会被快速占据。由于种群的数量总是呈指数发展,真正的拓荒者注定只有一位,而后来者跨界到新环境时,则大概率会面临与其他生物的竞争。

该环境中,原生生物的适应性,可以看作跨位生物的隧穿势垒。而大灭绝造成了生态位真空,短暂地削弱了这种势垒,其他的物种才有机可乘。这些物种在适应全新生态位的同时,又不能完全摆脱过去生活留下的痕迹,因此具有更高的复杂度。

在新的生活环境中,实现了跨位适应的生物积累了多样化的环境信息,形成了更高的复杂度,进而开发出灭绝生物无法触及的生存环境。多样化和复杂化之间具有双重联系。复杂化使得生物能适应更严酷、更多变的场景。体型较小的生物就不可能登上陆地,因为蒸腾效应会使它们快速脱水。复杂化越高的生物,能够适应的环境也就越严酷。

而物种的多样化程度是由生物的平均复杂度决定的。假如适应一个生态位所需的复杂性固定,那么随着复杂度的上升,物种能够兼容的生态位数量就会变多,生态位之间可能的排列组合④基数也就增加了,即由 $C(n,m)$ 决定的组合数量。例如环境中五个生态位,只能支持五种生存模式单一的生物。如果这五种生物能额外延展一个方向,生存模式就会增加至 25 种。

复杂度和可以适应的环境之间可能存在某种飞跃效应。脊椎动物相比于软体动物⑤,复杂程度就上了一个台阶,可以形成更大的体型,登上陆地后可以快速运动,前往陆地深处。很多之前不能适应的环境变得可以生存,因此脊椎的出现使生物多样化的发展又一次进入了演化爆发期。

物种多样化可能也存在某种临界。如果出现了一个能适应全部生态位的物

---

① 人中,上唇上方正中的凹痕。
② 阑尾又称蚓突,是细长弯曲的盲管,在腹部的右下方,位于盲肠与回肠之间。
③ 尾椎位于骶骨之下方,由四节(三节至五节)退化椎骨结合而成,构成脊柱尾端。
④ 排列组合的中心问题是研究给定要求的排列和组合可能出现的情况总数。
⑤ 也称贝类,是软体动物门动物的统称,约 10 万种。体质的差异很大,体柔软而不分节,包括蜗牛等。

种,并且在全部生态位具有优势,那么其他物种都会灭绝①,生物的进化过程也会彻底停止。

第二类进化的原动力来自生命体自身的运行机制。将生命放到一个环境中,它就会尽可能地适应每个场景。在逼近群体演化的 $k1$ 临界之前,这种机制能够很好地发挥作用。可随着生命体在环境中饱和,空余的生态位也不复存在。每个生命都拼命地适应自己生活的环境,其他生物抢占生态位的难度也随之增加。

这样的机制,在寒武纪、志留纪至二叠纪出现了非常明显的平台效应。生命的复杂、多样化曲线,与群体演化的逻辑斯谛曲线有相似之处。先是经历一段高速发展期,当生态位得到了充分开发,竞争就开始激化。生物倾向于成为各自领域的"专家",跨位适应现象变得罕见,多样化发展也进入了平台期。

种群数量的自发振荡和环境变迁导致的大小灭绝事件,承担了打破僵局的角色。一旦占据生态位的优势种群出现危机,其他种群就有机会进入新的角色。新的环境信息在这些物种体内沉积,使复杂度增加,也就产生了适应新生境的可能。

对于整个生命系统而言,死亡或灭绝并不意味着终点,而是某种更高层次的新生。

4.6.1 种群发展与进化

传统进化论着重强调生命对于环境的适应,这无疑是普适的,每个生命体都会尽可能地适应自己生活的环境,也形成了一种"专家"效应,对尚未进入该领域的生命形成壁垒。随着时间的流逝,拓荒种群就更难与专家种群竞争。

复杂度的提升依赖于生态位的拓展。而专家度的提升,却制约了生命的跨环境流动。正因如此,复杂度和多样化程度,必然是收敛的。

另外,生物种群的数量并非在同一个水平保持稳定。种群演化会导致周期性的灭绝事件,定期打破适应壁垒。随着食物链层级的增加,能量的逐级传递形成了一种延时性。位于食物链底层的生命更贴近环境中最基层的能量流动。

例如韭菜生长速度就非常迅速,数量基本是保持恒定的。可到了兔子这一级别,六个月才刚刚成年,更高级的狼则要一年的发育期。草料丰富,兔子就会迅猛生长,然后狼获得了足够的食物。随着兔子泛滥成灾,草没了,兔子饿死,最后狼也会成片饿死。

环境中,猎手的数量和猎物的数量都会发生某种周期振荡。而食物链高层的生命,繁殖能力较差,两个振荡周期并不是完全匹配的。影响食物链高层的因素更多,种群更脆弱,因此进化也更快。

环境中专家种群的衰退有利于拓荒者跨态适应,进而提升复杂度。农业时代

---

① 对应人类纪的物种灭绝,$C(n,n)=1$。

的人类也一样,民族衰退、融合,然后是一个全新的阶段。

4.6.2 生态振荡与进化的量化范式

从系统的角度出发,生命的存在必将不断消耗环境中的自由能。

基于 4.1 节的讨论,复杂系统作为一种高级的耗散形式,具有更高的维持成本,只在能蓄水平较高的情况下出现。

一片区域的能量丰度资源,可以用地表每平方千米内,能被利用的能量密度 R_ρ 来计量。而生命的适应力则取决于它维持生存所需的极限能量密度。

假设优势种的极限适应力是 R_A,拓荒物种的极限适应力是 R_w,某地区的能量密度高于优势种的适应力,却小于拓荒种的适应力时,竞争壁垒就形成了。此时,只有优势物种可以依靠该资源为生,而其他物种却不行。

即

$$R_A < R_\rho < R_w \tag{4-31}$$

生态圈中的竞争壁垒,不完全取决于环境的资源丰度。

在一个稳定生境里,资源的存量取决于资源的生产能力和生物的消费能力。而竞争壁垒形成的主要原因是某一个种群将环境中的资源消费到一个较低的密度,以至于其他的生命无法介入。

假如非洲草原的某个地区,掠食动物比较强势,只剩精壮羚羊①。羚羊的跑步速度很快②,只有成年猎豹有机会捕食它们。那么作为拓荒者的狮子,花费大量精力也难捉到羚羊。

生态圈种群数量的振荡会自发地动摇竞争壁垒。假设某地爆发了生态灾难,羚羊、猎豹被大量饿死,由于羚羊的繁育速度很快,所以很快就能恢复原来的数量,而猎豹的生长则慢得多。两个种群繁育速率差距就会形成一段时间的猎手真空期。

猎物的数量在环境资源的限制下符合逻辑斯谛曲线。猎手以捕获猎物为生,当猎物的密度过低时,猎手的数量会下降。两者之间的数量会形成一种错位振荡,如图 4-5 所示。

根据猎手和猎物的数量关系,我们能得出每个猎手的平均资源 R_ρ,同样呈现出一种周期振荡,如图 4-6 所示。

环境中的资源丰度时高时低。在猎手大量减少、猎物数量恢复的窗口期,更有可能形成 $R_A < R_w < R_\rho$ 的情况,这也是拓荒者的机会窗口期。

举个具体的例子,有一片很少有猎豹的草原,即便狮子不是专业的羚羊杀手,

---

① 羚羊的特征是长有空心而结实的角,是区别于牛、羊的一类反刍动物。
② 跑得最快的羚羊是汤姆森瞪羚,最高速度可以达到 110km/h。

4.6 生命的进化　109

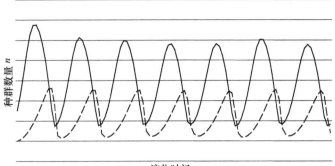

图 4-5　生态振荡示意图

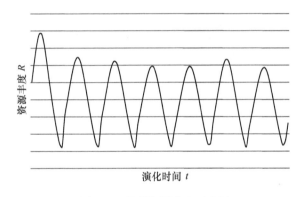

图 4-6　捕猎资源丰度示意图

也能成功地捕获一些老弱羚羊。由于生命本身的适应性,狮子在追逐羚羊的过程中锻炼了短跑能力,经验也逐渐丰富。

假设猎豹死绝或者周期缝隙足够大,那么便有可能出现"趋同进化"现象。演化出一种专业捕食羚羊的狮子——"豹狮"(某种不存在的生物)。豹狮兼备力量和速度,是水平更高的猎手。它们可能会因此拥有单独捕杀水牛或者大象的能力,而正常的狮子或豹子都很难做到。

在讨论复杂度时,我们可以忽略系统的规模,仅讨论系统中信息和序参量的多寡。例如台风那样的系统,内部具有不对称性的微观构件比较少,复杂程度还不及生物细胞。

为了简化理解,我们用系统中不对称性的种类数量来描述复杂度。用 C 来表达复杂度,是序参量的种类数量,也是式(4-18),生物规范信息阵列 N 中的元素数量,即

$$|C| = |N| \tag{4-32}$$
$$C = \{C_1, C_2, \cdots, C_n\}$$

基于复杂度,我们可以定义一个物种的专业化程度。用于推测它向其他生态位进化的概率。假设某一个生态位,需要的最低复杂度阈是 h,一个物种进入这个生态位,它的整体复杂度就必须大于 h,即

$$|C| > h$$

复杂度不满足最低适应要求,即可认为存在适应壁垒。现存的生命都进行过跨位适应,也就具备了多个场景的适应能力。我们将其中最主要的适应项设作专精适应项 h_p,演化会使专精适应项逐渐占据全部的适应潜力,即

$$h_p = \max\{h_1, h_2, \cdots, h_n\} \tag{4-33}$$
$$\lim_{t \to \infty} h_p \approx |C|$$

专精适应项占复杂度的比例即 $h_p/|C|$,就是一个物种的专业化程度。

整个食物链会同步专业化,因为猎物和猎手之间会展开竞赛,导致它们相互适应。像是猎豹和羚羊,竞争使它们的奔跑速度都变得越来越快。

在复杂度一定的情况下,提升速度必然会牺牲其他的性能,例如缩短消化道长度、减少力量等。在极限情况下,生物会沉浸于某个场景,它们拥有极高的适应壁垒,相同复杂程度的生物根本不可能进入它们的领域。

然而,环境中的物种平均专业化程度越高,跨位适应事件就越难发生。一方面是因为竞争的壁垒水涨船高,另一方面是生物能在其他专业方向使用的空闲复杂度减少了。

因此,生态振荡导致第二类进化的可能性也会随着时间流逝越来越低。物竞天择使专精适应项逐渐深化,即

$$\frac{\partial \overline{\frac{h_p}{|C|}}}{\partial t} > 0$$

竞争壁垒 $\overline{R_p}$ 也水涨船高,生态系统趋于稳定。

4.6.3 大灭绝与进化

比起生态圈的振荡,环境剧变导致的灭绝事件更加庞大。

一些剧变的源头是生物圈本身,也有些是来自地心[1]、太阳乃至银河灾难[2]。每次大灭绝事件都会消灭一大批生命,形成生态位空缺。事件结束后,生物进化的

---

[1] 火山喷发可能是大灭绝的原因之一。
[2] 超新星喷发、伽马射线暴等。

速率通常会进入指数期。

自寒武纪大爆发起,生物圈一共经历了五次大灭绝事件和更多的小灭绝事件。这些事件可能存在一定的周期性,每隔 2600～3200 年发生一次。这种周期性可能与太阳在银河系中的运动[1]有关,也可能是地球的磁场反转导致的,或者是周期性的火山大喷发或者小行星运动等导致的。

最具戏剧性的是数次超级冰期形成的灭绝事件,这些超级冰期可能由生命圈的活动引发,原因是海藻类生物持续数十亿年的光合作用,提升了大气的氧含量,这导致了几乎所有的厌氧菌种群灭绝。同时,地球的温度也快速下降,嗜氧菌也变得难以生存。

超级冰期,可以看作生物种群振荡的一种极端情况,是一组典型的势垒-隧穿-自组织—环境变化导致负反馈关系对,而食物链的加长则会削弱整体振荡的强度。

无论大灭绝怎样产生,它都在事实上帮助物种突破了专业化造成的进化瓶颈,以一定的概率暂时性地消灭环境中的生物,整片大陆、海洋会变得不适宜生存。

而一个物种的专业化程度越高,它的选择面就越窄,越有可能在灭绝事件中消失。反而是适应范围较大的猎手更容易留存,重新拓荒生态位,发育成新的种群。

在大灭绝事件中,一个物种完全找不到食物的概率 P_D,等于它能获取的 n 种食物 P_{F_n} 全部消失的概率,即

$$P_D = \prod_{n=1} P_{F_n} \tag{4-34}$$

又因为食谱范围与专家度负相关 $\partial n/\partial(|C|/h_p) \leq 0$,所以灭绝概率 P_D 与专家度正相关 $\partial P_D/\partial(|C|/h_p) \geq 0$。

高度专业化的种群灭绝后,生态位之间的壁垒就被削弱了。生物的平均复杂度水平将在新的适应中被进一步提高。

大灭绝协助生命突破进化壁垒的例子有很多:前寒武纪冰期消灭了海洋浮藻,为多细胞动物提供了空间;白垩纪末恐龙大灭绝[2],让哺乳动物登上历史舞台;古新世灭绝事件[3]开启了哺乳类多样化,并逐渐演化出现代生物。

今天的人类不仅能凭借自身的肉体在这个宇宙中行走,还能借用各式各样的工具,使用尘封了数亿年的化石能源。生命改造世界的能力得到了空前的提升。我们的智力突破了某个临界,成就了文明的土壤。

当然,物种进化也是有极限的。假如我们消灭了全部潜在对手却依然止步不

---

[1] 太阳系每 2.5 亿年绕银河系一周,银河系中的物质分布不均匀,太阳目前处于本地泡中。
[2] 此次灭绝事件发生于 6500 万年前的中生代白垩纪与新生代古近纪之间。
[3] 由历史上最快、强度最大的全球变暖事件引发,被称为古新世-始新世极热事件。

前,进化也就彻底停滞了,跨位适应将不可能发生。

在文明高度发展的今天,维护物种的多样化也变得前所未有的重要。我们需要在发展的过程中更多地思考,才能将路走得更远。

4.7　生命的演化问题综述

长久以来,生命的奥秘都是一个值得被回答的问题。可惜的是,科学的发展似乎陷入了某种瓶颈,现有理论的解释范围太过有限。

生物学可以编辑人类的基因,却克隆不出一颗心脏。

计算机科学造出了人工智能,却无法让它产生意识。

只有解决这些问题才能更进一步,让信仰不再是三大终极哲学问题的唯一答案。系统论思想能把生命归为可以被理解的物质,通过一个渐进的、多层次的框架,我们看到了生命从个体演化成群体。种群实现了进化,生存之道不断被拓宽。

物理规则限制了单个生命体型,生命就以量取胜,将环境中的资源充分利用,以资源为生,却不被资源拘束。种群的不断迁移、进化,向环境和自然学习,变得越来越强。

只需三种不太复杂的机制,就能在时间的加持下创造如此多彩的生命,它的演化跨越了全宇宙一半的尺度,实现了近乎无穷的延绵。

光阴荏苒,时间终会把你雕刻成你应有的样子。

第 5 章 智能与知识

智能是每个人最根本、也是最基础的能力,是对世界的感知和认识。理解智能,才能将"我"纳入我的世界观。这将是一件伟大且困难的事情,明心见性①、大彻大悟也。

在科学理论中,智能是一种由神经系统运动产生的现象,为高等动物所特有。作为庞大的异养生物,高等动物对资源丰度的要求更高、消耗速度更快,必须在时空区域中穿梭,才能满足生存所需。

在这一过程中,智能发挥了模拟环境、演绎未来、制定规划、控制行为的作用,是动物内部又一次高级结构的自组织,可以协助动物提升效率。智能的水平越高,动物的判断就越准确,其运动模式将从随机向规律转变,减少无效动作,找到最佳目标,进而更好地实现时空隧穿。当种群的智能高度发展后,群体智能还能发生进一步的自组织,形成知识。智能体以符号为媒介,在个体间实现经验的交流。

智能又是非常神秘的,目前仍没有一套理论框架能够较好、较全面地说明智能从何而来、又如何发挥作用。本章利用系统论和自组织的观点,结合生命系统发展的一般性规律,总结了智能发育的内外动力因素,并将文明和文化的诞生囊括到智能系统的框架内。

5.1 智能的研究简史

对于智能的研究,在两千多年前的轴心时代②就起步了。它是人类文明的第一批课题,比理性和科学的萌芽更早,也更重要。

在古风时代③的希腊,思想家认为,智慧的产生需要惊异、闲暇、自由三个条件。而在《荀子·正名》中也有这样一段话,"所以知之在人者谓之知,知有所合谓之智"。意思是,知觉是人对物体的认识,而智慧是将知觉重组,从而可以派上

---

① 明心是发现自己的真心,见性是见到自己本来的真性。
② 德国思想家卡尔·雅斯贝尔斯(1883—1963)把公元前 500 年前后,同时出现在中国、西方和印度等地区的人类文化突破现象称为轴心时代。
③ 公元前 8~6 世纪的希腊城邦时代,当时的国家以城镇为中心,结合周围农村而成,一城一邦,独立自主。

用场。

到了近现代,启蒙运动①和工业革命深刻地改变了人们的认识。

在科学体系下,原理、定律、方程开始在各个领域取代神灵的解释地位。心理学也作为神秘学的竞争者,登上了历史舞台。智能理论被用于替代灵魂,帮助人们理解知觉和精神活动。

在这一领域中,最具开创性的学者是笛卡儿,他将智能拆分为感性与理性两个部分。建立了五官感知信息、理性抽象加工的心理模型。笛卡儿是一名伟大的哲学家,他对于智能的洞见也同样远超时代。早期的心理学理论,便是在笛卡儿的二元论②框架下发展而来的。感性基于物质、理性源于心灵。二者的博弈关系得到了全人类的广泛认可,至今仍在人文社科领域的学科中广泛应用。

比笛卡儿稍晚一些出生的大科学家牛顿则跳开了人与物的关系,聚焦于对物质的理性认识,建立了以代数几何为基础的物理学范式。

物理学的本质是一套成体系的知识系统。它用抽象的概念单元,通常是客观世界中并不存在的极限情况。如质点③、轨迹④来讨论物质存在和运动。

例如刚体⑤,力的传导不可能是瞬间的,所以刚体不可能存在。又或者质点,凡是有内部运动的物质系统,就有相应的体积,所以不可能是一个点[36]。唯一能看作质点的是奇点,但它偏偏不在经典物理学的解释范围内。

要将物理应用于实践,就要先将物理概念中抽象的概念泛化成物质存在实体。例如讨论一辆小车的运动,如何识别一辆小车、如何定义一辆小车,这些问题就不属于物理学的研究范围了。

在哲学领域,笛卡儿被归为唯心主义⑥学者,而牛顿和后来的科学家也被称为笛卡儿的继承者。

以今天的眼光看,这套理论的缺陷比较明显。他们以人的认识为中心,将物质存在与认知主体区分开来,却忽略了理性与认知的形成过程,也忽略了感性萌发出理性的过程。

在智能系统中,两项工作由神经网络自发地完成。先由一种自动机制将观察对象从环境的映射中提炼出来,理性和抽象运算才能成为可能。离开了这种自动机制,无论是物理学还是其他知识符号体系,都无法正常发挥作用。

---

① 17~18世纪发生在欧洲的一场资产阶级和人民大众的反封建,反教会的思想文化运动。

② 即心物二元论,世界存在着两个实体,一个是只有广延而不能思维的"物质实体",另一个是只能思维而不具广延的"精神实体",二者性质完全不同,各自独立存在和发展,谁也不影响和决定谁。

③ 质点就是有质量但不存在体积或形状的点,是物理学的一个理想化模型。

④ 符合一定条件动点所形成的图形,或符合一定条件的点的全体所组成的集合,是满足该条件的点的轨迹。

⑤ 刚体是指在运动中和受力作用后,形状和大小不变,而且内部各点的相对位置不变的物体。

⑥ 唯心主义指理性主义,是建立在承认人的推理可以作为知识来源的理论基础上的一种哲学方法。

现代科学以代数几何为基础,是纯理念的。笛卡儿的心物二元论认为,精神实体只能思维不能广延,而物质实体可以广延却不能思维,这方面他说得没错。智能的载体是物质的,是一种广延的物质存在,用数学手段表达智能永远不可能做到完全精确。

后来,以巴普洛夫、华生为代表的心理学家开创了行为主义①,建立了条件反射模型②。他们用实验证明了精神世界与客观世界之间的高度关联性。智能的建构离不开智能体的实践过程。

另外,人类的智能也具有相当的共性,尤其是对客观存在的感知。这种共同性来自种群遗传信息和发育环境信息的共同性,与个体的选择无关,也就是4.4.2节和4.4.3节讨论的内容。

智能体的感知,即感性,包括空间、时间、五官的感知、喜怒哀乐等。其功能建构具有相当的必然性,在一定程度上可以认为是先天的。当然,异形发育问题也会在感性中发生,也存在红绿色盲、蓝绿色盲这样的个性化差异。但总的来说,共性还是大于区别。人群对客观物质存在的认知拥有群体性的共识,每个人都能明白火车和大象的区别。

也正是因为感性的共同性,科学和哲学才能跳开认识过程,直接讨论理念和本质。不同的人认识世界的方式高度相似,人们泛化精神实体的方法也大差不差,知识才能在人群中形成普适的理解。

到了20世纪中叶,以图灵③和冯诺依曼④为代表的科学家发明了计算机,在机械系统中实现了符号的演绎。计算机系统可以在物理符号之间构建关联关系,让它们在一定的规则下运动,其原理和作用方式与人类的理性思维处理语言符号高度相似。

发展至20世纪末,人工神经网络和深度学习算法开始流行。通过人工的多层前馈神经网络⑤模型,计算机学家成功地将归纳法做成了物理符号体系,帮助人工智能自主建立决策模型。尽管效率远不如人类,但是在庞大算力的加持下,仍旧形

---

① 行为主义学派的目标是发现刺激与反应之间的规律性联系,进而根据刺激而推知反应,反过来也能通过反应推知刺激,达到预测和控制行为的目的。

② 巴甫洛夫的高级神经活动学说的核心内容。两样本来没有联系的东西,长期一起出现,以后当其中一样东西出现的时候,便无可避免地联想到另外一样东西。条件反射在解剖生理学上又称前馈控制系统。

③ 艾伦·麦席森·图灵(1912—1954),英国数学家、逻辑学家,被称为计算机科学之父,人工智能之父。

④ 约翰·冯·诺依曼(1903—1957),美籍匈牙利数学家、计算机科学家、物理学家,是20世纪最杰出的数学家之一,被后人称为"现代计算机之父""博弈论之父"。

⑤ 多层前馈神经网络是指在单计算层感知器的输入层与输出层之间引入隐层(隐层个数可以大于或等于1)作为输入模式的内部表示,由此单计算层感知器变成多(计算)层感知器。

成了很强的决策能力。人工智能 ALPHA GO①甚至击败了围棋世界冠军。在针对固定问题的求解上,人工智能体系的决策质量已经超过人类了。

现有的人工智能也有它的局限性,人工智能也没有全面地淘汰人类。相反,人们对于这一领域的预期开始下降,新的临界隐隐若现,技术进步受到了制约。

由于缺乏感性和直观的认识能力,计算机系统不具备建构抽象符号的基础,很难将客观的物质存在抽象成概念,也没有多样化的动机系统驱动其行为,解决实际问题的能力始终无法向人类看齐。

突破这一技术瓶颈的难度很大。在以往的知识体系中,对心智研究的顶峰长期停留在模糊定性的水平。研究发现,人是通过直观和感性来认识物质存在的,也仅此而已了。

中国、印度的古代哲学体系②比较领先,大体概括了直观和感性的运作原理。这几十年来,西方心理学开始快速追赶,产生了神经科学、认知科学等学科,然而凭现有的理论,要想通过工程来复现人类的智能是不可能办到的。

理性和知识不可广延,而智能是一种客观的物质现象。

用理念来归纳和解释智能永远无法做到面面俱到,就像我们永远也无法模拟一杯水里的每一个分子那样。智能系统中临界巨涨落现象极其频繁,它的宏观规律随时处于变化中。正因如此,传统科学理论本体化、极限化的方法论也很难解释意识、灵感这些智能现象。

若要搭建一个完善的智能体系,我们就必须回到原点,先理解智能存在和发展的原理,再让它自主形成,而不是绞尽脑汁去解构一个已经成形的智能系统。

复杂系统的建构没有捷径,要将过去、现在、未来紧密联结在一起。

5.2 生命对智能的需求

智能和神经系统不能独立存在,它们必须从属于某个具体的生命。从根本上说,智能的存在与演化是为了满足生命的切实需求。

发展到人类这里,智能已经隐隐地成为了这副身体的主人。它消耗了人体超过五分之一的能量,决定了我们要如何求生,甚至在一些时候决定我们如何去死。

在生命体运转的过程中,智能和神经系统发挥了无可替代、至关重要的作用。尤其是在复杂多变的生存环境里,生命体必须具备更强的可塑性才能应对环境变化带来的冲击。地球上不同时空区域的差异程度,已经超出了一般性生物结构的

---

① 第一个击败人类职业围棋选手、战胜围棋世界冠军的人工智能系统,由谷歌旗下 DeepMind 公司开发。

② 古代哲学体系是指魏晋玄学、瑜伽师地论,以及后续的一系列融合学说。

适应范围。虽然皮肤会因为日照变黑,肌肉也能因为锻炼有所生长,但是机体适应环境的速度,比起环境变化速度要缓慢得多。

像是沙漠地带,昼夜的温差就比较大,白天30℃,晚上只有几摄氏度。如果光凭机体来保持恒温,动物可能就需要夜晚生毛,白天脱毛。这显然是不能实现的,正常情况下毛发的生长需要数月的时间。

雪上加霜的是,随着生命体发育成熟,绝大部分器官和组织的可塑性还会减弱。以人体为例,三岁之后大部分器官就已经成型,对于外界刺激的反应也变得很迟钝了。也正因如此,环境的冲击也很难在生物结构中留下什么印记。如果组织停止了对环境物质的同化,那么环境中的信息也就很难在组织中沉积。要改变生命机体的结构代价很大,而且可塑性也相当有限。

若是没有智能系统,那么生命体通常只能在固定的场景下发育和生活,不具备运动能力,不能在时空区域中穿梭。在现代生态圈中,固着不动的植物和真菌就没有神经系统。而在遥远的前寒武纪时代,固着也曾经是生命的普遍形态,那时候生命的主流形态类似于今天的浮游生物,少数多细胞动物也像多孔动物①海绵那样匍匐在海底靠滤食②为生。

神经系统的出现,给予了动物一种不一样的可能性。基于3.6节的讨论,复杂度和可被适应的生态位之间,可能存在某种飞跃效应。寒武纪的物种大爆发就与神经系统的出现存在一定的关联。在神经系统的支撑下,多细胞动物实现了时空区域间的穿梭。足够的可塑性和复杂度解锁了大量的生态位。中枢神经系统的出现帮助鱼、虾、蟹这样的高等动物称霸海洋。就算是水母也拥有最原始的环状神经网络,用于协调身体各部分的活动。

与普通的生物结构不同,除了结构的改变,神经系统还能产生一种短周期的状态变化,即毫秒级的神经动作电位③。高等动物的神经中枢高度发达,与物理学"四大神兽"拉普拉斯妖④有几分类似,这种怪兽能够得知宇宙中每个原子的状态。神经系统则通过能量的波动捕捉环境中的运动,并将其投射在神经网络上。两者都是对真实世界的感知和模拟。

神经网络的组织形式是比较独特的。每个神经元都具有一定的独立性,并且不能被轻易替代或移动,可以被视作一个独立的序参量。在认识世界之前,大脑就像是一张白纸,人与人高度相似。但是在个体的生命历程中,形形色色的环境信息逐渐沉积在神经网络里,让不同的神经元产生了区别。

---

① 多孔动物主要是在海洋中营固着生活的一类单体或群体动物,是最原始的一类后生动物。
② 滤食性动物是以过滤方式摄食水中浮游生物的动物,此处特指被动滤食者。
③ 动作电位是指可兴奋神经元受到刺激时在静息电位的基础上产生的可扩布的电位变化过程。
④ 拉普拉斯妖是由法国数学家皮埃尔-西蒙·拉普拉斯于1814年提出的一种假想生物。此"恶魔"知道宇宙中每个原子确切的位置和动量,能够使用牛顿定律来展现宇宙事件的整个过程,过去以及未来。

与环境中的信息相比,神经系统所能容纳的信息属实有限。我们假设某个神经元与周围神经元形成的信息集是 R_n,那么全神经网络中的信息 i_N 就是全部神经元突触信息 R_N 和框架性信息 P 的总和,即

$$i_N = R_N \cup P \tag{5-1}$$

$$R_N = \{R_1, R_2, \cdots, R_n\}$$

基于神经系统的生物智能,可以有效提升生物系统的复杂度。因此智能越进步,生命体的适应能力就越强。智能的产生顺应了生物系统的现实需求,是一种自组织过程,适用高级结构的一般性规律。

5.3 智能的组成与功能

智能存在的意义是为生命服务,具有功能性。

根据智能的工作原理,可以将它分割为映射和演绎两个步骤。映射是根据客观物质存在,产生神经网络对客观的主观感知。而演绎则是基于映射的加工,通过推理和决策来实现智能的效用。其中,对环境的映射即是哲学中感性的重要部分,是智能体对环境信息的选择和记录,这一过程必定会伴随一定的信息遗失和系统性偏移。此外,信息从信息源传播到智能体也会产生一定程度的偏差。对某个具体对象的主观认识,来自对象信息在神经网络中的沉积。在一个完整的认知流程中,主体和对象具有不可分割的统一性。

感性对信息的映射未必是全面的,但一定是真实的、有效的。虽然映射的信息量有限,永远无法反映对象的全貌,但有限的信息也是由真实的客体得来的,至少也是部分的真实。

在映射的基础上产生了演绎,演绎的可靠性没有映射那么高。演绎过程完全在神经系统内部完成,与外界环境割裂。它的进行受过往沉积的信息影响,因此判断的结果与真实情况出现偏移的可能性很大。提高演绎准确性的关键,在于提升沉积信息与环境信息的重合度,这离不开实践中进行的学习和归纳[37]。

虽然演绎的结果不一定对,休谟的怀疑主义①也确实很有道理,但若顺着这个思路,质疑一切知识的价值,就会变成一种因噎废食的行为。人的感性、理性、知识、形而上学的高楼大厦,都有它可取的一面,也有不准确的地方。如果因为有缺陷就彻底否定,那只是披着完美主义外衣的投降罢了。

基于这样的情况,我们可以定义一个映射层包含的信息总量 I,它由映射层单元的数量和映射方式来决定,而演绎则是基于映射信息的推演。

---

① 大卫·休谟(1711—1776),苏格兰不可知论哲学家,主张思维和知识均是有限的,客观世界或无法认知。

类比机器视觉,映射信息就是被识别的图片本身,映射单元是图片中的不同像素①,每个像素中可以蕴含的信息加在一起,就是映射的总信息量。而人类的视觉映射,则由视紫红质②、视神经③、视皮层④共同形成。我们在后续的章节详细讨论这两个问题。

对演绎的讨论可以从演绎的步骤着手,首先是对物质存在的判断,物质存在之所以能够维系,是因为与环境发生能量、质量的交互与作用。这些信息被智能体捕捉,形成映射。

其次,演绎的功能是模拟物质存在之间的关系。不同的物质存在,会发生一定的交互作用。智能体首先从映射层中提取信息形成对不同物体的认识,之后在物体之间建立关系。关系的正确性直接决定了演绎结果是否符合实际情况。

在衡量演绎结果时,可以参考贝叶斯网络,引入区别机制。因为每次演绎都有指向性和对象性,而模型中的不同概念单元对于这个结果的贡献是不一样的。就算次要关系全错,只要主要关系掌握得好,结果依旧可以比较准确。

先将客观环境中某个物质系统受环境影响的全部因素的权重设为1,它一共受到 a 个因素的影响 μ_a,即

$$\sum \mu_a = 1$$

假设在智能体的主观概念模型中,一共形成了 m 个关联单元。由于存在判断可能存在失误,其中 n 个是有效的。另外,模拟不可能全面,因此有效单元 n 的数量一定小于环境影响因素的数量,即

$$n < a$$

关联单元的影响应被正则化⑤,形成尽量贴合环境因素关联因子 μ_n,同时,每个关联单元独立建模,有着自己的正确系数 $C_n \in [0,1)$,那么模型的总和准确系数 C_A,为

$$C_A = \sum_n \mu_n C_n \tag{5-2}$$
$$C_A \in [0,1)$$

在此之外,我们还能定义一个运算熵 Sc,用来度量一个演绎模型的运算效能。

---

① 像素是指由图像的小方格,每个都有明确的位置和被分配的色彩数值,这些信息拼凑成了最终图像。

② 视紫红质是一种结合蛋白,由视黄醛和视蛋白结合而成。视黄醛由维生素A氧化而形成,是维生素A的醛化合物。视黄醛有多个同分异构体,在视紫红质内与视蛋白结合为分子构象较为卷曲的一种,即11-顺视黄醛;在光照下它即转变为构象较直的全-反视黄醛。

③ 视神经是视网膜的神经纤维,始于视网膜的节细胞,终止于外侧膝状体。

④ 视皮层是大脑皮层中主要负责处理视觉信息的部分,其位于枕叶的距状裂周围,接受外侧膝状体的视觉信息输入。

⑤ 正则化项即罚函数,该项对模型向量进行"惩罚",从而避免单纯最小二乘问题的过拟合问题。

运算熵取有效模型的量与模型总量的比值，即

$$Sc = \frac{nC_n}{m} \tag{5-3}$$

$$Sc \in [0,1)$$

由于运算熵的存在，单纯地堆叠演绎模型的对象单元数量并不能解决问题，只会增加运算耗费的资源。

无论是人类大脑的理念模型，还是人工智能的算法模型，都应当充分考虑客观物质系统的实际情况，将客体模型的规模 m 设定在一个合理的范围内。

有效真实关系的总量可以用隐马尔可夫模型①的方法来推算，即 $\lambda = (A, B, \pi)$ 的三元组，π 指初始概率矩阵，A 指隐藏概率矩阵，B 指显概率矩阵。

以太阳系为例，如果要讨论行星运动对某些事物的影响，那么对象单元的总数就应该控制在 8 个。更多的数量并不能增加模型的准确性，只会白白浪费算力罢了。这也是奥卡姆剃刀原则②在抽象模型中的具体意义。

5.4 人类智能的三重建构

智能的演化与生命的实践密不可分。在实践的过程中，感性、理性得到了逐级建构和完善。

感性在人群中具有共性，是普适的。

从演化的角度来看，感性能力建构与个体化的经历关系不大，但是种群与种群间存在区别。像皮皮虾③就能识别 16 种颜色，而人类眼睛只能识别红、黄、蓝三种颜色。

感性能力的演化可以当作物种演化的一部分，主要由种群所在传统环境的信息和遗传信息决定，而理性的建构则更加个性化。

理性会在一个智能体的生命历程中不断发展，每个人的语言、思维模式均不相同，可以当作生命个体演化的一部分。

智能依附于智能体。再伟大的智慧也会伴随一个人的死亡而大部逝去。只有将经验保留在符号和知识系统中，才能长久地留存于世。后来者可以通过学习知识，寻回这份属于文明的瑰宝。

知识由理性加工而来，是符号化的抽象经验。抽象经验以言语发声或文字图

---

① 通过一些能够观察的矢量序列来预测无法观察到矢量。
② 由英格兰的逻辑学家、圣方济各会修士奥卡姆的威廉（约 1285—1349 年）提出，这个原理称为"如无必要，勿增实体"，即"简单有效原理"。
③ 皮皮虾属掠虾类，起源于中生代的侏罗纪，绝大多数种类生活于热带和亚热带海域，少数见于温带海域。

形为载体,象征客观物体并表达关系。本质上是用感性体验去象征视觉、触觉,或者一整类感性体验形成的集群。只要拥有相似的感性和理性,阅读符号的智能体就能获得和作者类同的感性体验。对符号的共性理解建立在感性和理性的共性之上,能被广泛理解的符号体系,又是知识传播的媒介和基础。

物理符号系统是生物神经以外的第二个能作为智能载体的系统。

符号化的知识让文化的发展成为了可能,它实现了理性经验在同一族群、不同代际、不同个体间的传递。知识是在理性的基础上得出的,与真实环境产生偏误的可能性更大。

感性和理性是智能体自身的能力,符号知识的作用过程更像是外源性的刺激,它必须经历一个认知和再理解过程才能被学习者接受,实现理性和感性经验的传递。

由于族群中个体的经历不完全相同,通过符号传递的知识必然会产生一定程度的认识偏差。一千个读者,就有一千个《哈姆雷特》[①]。一千个哲学家,也有一千个康德。

作者必须先将感性体验抽象为理性认识,再以符号为载体外化为知识。这一过程损失了作者对物质系统的感性体验,形成的知识还因作者个人经验和归纳的局限具有片面性。读者在理解符号和知识的过程中,又用自己的感性体验弥补了这些缺损。一来一去,表达的意思可能就会出现偏差。我们也常说"纸上谈兵",如果只通过学习获得知识而忽略了实践,便不能领会作者真正要表达的意思,是很难解决实际问题的。

对知识体系的搭建从轴心时代就正式开始了,不同的知识系统形成了不同的文化,它的演化形式不再是生物学意义上的,而是一种群体的意识形态,是群体经验的共同部分,是智能体的共性认识和思维工具。

符号知识体系的演化就是文化的演化。这是一个仅属于人类的特殊过程,不存在于其他物种中。

在轴心时代,各个文明最初的学者们讨论最多的就是关于知识体系的问题。希腊的柏拉图、苏格拉底,印度的佛陀,中国的老子、孟子。他们在各个文明中独立地创造了总结知识的方法论,缓和了词不达意的问题,形而上学的高楼大厦才得以越盖越高。

然而,随着抽象层级升高,理解偏差仍然会越来越大,这是不可避免的。一些高度抽象的词汇,像是荣誉、道德,每个人都会有自己的理解。

在三个层次的智能演化中,感性能力最基础,它由整个种群的演化历史决定,综合的环境信息最多、历史进程最长、变化速度也最慢。而理性则是感性体验的个

[①] 《哈姆雷特》是由英国剧作家威廉·莎士比亚创作于 1599—1602 年的一部悲剧作品。

性化沉积,其过程最复杂,最难被研究清楚。符号知识体系和文化,是个体经验的在群体中的沉积,是文明和社会层次的群体智能。

5.5 感性能力的基本性质

在康德哲学中,感性和先验常被混为一谈。

和笛卡儿一样,康德也是唯心主义哲学家。在他们的思想框架里,关于物体、对象的认识必须依附于感性直观。大量的感性经验集合在一起形成了普适的理念,也就奠定了形而上学的基础。他们试图论证归纳法的可靠性,从概念出发讨论问题,却没有将感性本身视作客观的物质存在,经常会陷入用概念解释概念的自相矛盾中,变得越来越脱离实际。

对感性的讨论注定是非常困难的,因为感性决定了人的理性和知识框架。某种意义上,感性天然地超越了理性的研究范畴。就像在数学中,一加一等于二,和直线是直的无法被证明。因为这两条公理是基于感性体验的总结,没有道理可言。

万分遗憾,除了理性思维,我们也没有其他可以用来讨论感性的工具了。在这一领域,我们只能带着局限性出发,牢记自己的局限性,不做超出自己能力的论断。

接近真相的最好方法是在深度和广度两个方面加强实践,增加对表相的理解。

智能的感性能力,始终是作为一个整体来运行的。

离开了记忆,思维就无法展开。没有言语符号,就无法构筑概念关系。但是在具体研究中,又必须将感性拆分,来研究它的具体演化过程。

基于对现实的总结与归纳,可以将人的感性能力根据三种功能类别归入三个功能集群。

感性的第一类功能,是提供决策依据,即人性,或者情感、情绪。人性非常复杂,具有多面性且变化无常。善良和残忍可能在一个人身上出现,上一秒还在嬉皮笑脸,可能下一秒就生气了。根据人性针对的具体对象,可以将其分为,针对外物的偏好,诸如美、丑、香、臭;还有内在的情绪,诸如喜、怒、哀、乐。偏好和情绪是结合在一起的。作为一次判断过程的两个节点,当外界刺激满足一定条件时,人的某些情绪也会随之显现。

情绪是智能极其重要的组成部分,即所谓的"内驱力[1]"。心理学的研究表明,情绪和感性是人类决策的最终裁判员。与理性思维相比,情绪的判断更直接也更底层。而理性更像是不同情绪之间的博弈过程,而非笛卡儿所说的那种,与感性并行的高级功能。

---

[1] 内驱力是在需要的基础上产生的一种内部唤醒状态或紧张状态,表现为推动有机体活动以达到满足需要的内部动力。

医学史中有一个著名的病例,为思维和情绪的关系提供了关键线索。这个病人叫菲尼亚斯·盖奇。1848 年,他被一根铁棒击穿了大脑,失去了大脑的腹内侧前额叶皮层。这片区域与情绪的作用机理高度相关,但是不会影响理性思维能力。这次创伤在盖奇身上造成了严重的后果,导致他性情大变开始焦虑易怒,也很难做出有效决定,最后死于癫痫①。

基于盖奇的案例,认知科学得出了推论,如果情绪系统出现异常,思维就会变成一个没有砝码的天平[38]。

除此之外,人性还包括一些对事物的共性偏好。按照荣格的论述,人类群体中存在一种共性的"集体潜意识"②,它会左右个人对事物的选择和判断[39]。就算是一个第一次见到苍蝇的人也会天生地感到厌恶。这可以归入情绪偏好集群,它们塑造了感性的内在体验,也是决策和判断的基础。

感性的第二类功能是直观,它在智能框架中形成了对于客体的认识。直观可以细分为更多种类,具体包括了听、视、触、嗅、味觉,也就是五感,同样也包括对手脚、眼球这些身体器官的控制能力。它们与情绪、偏好共同构建了觉知判断链。就好比一块烤肉,直观负责提取关于烤肉的信息,而判断功能则激发人们对肉的喜爱,让人感到饥饿。

同一个物质系统,可以通过多种不同的方式去认识它。比如红酒,就要先冰镇一下,倒进好看的高脚杯里,晃一晃,闻一闻,再品尝它的味道。

直观的不同感知方式可以形成一个集合,即感知映射集群。

感性的最后一类功能是对信息的深度加工与处理机制。

弗洛伊德同样描述了一种被称为潜意识的心理机制。它们不需要投入注意力也可以高效地发挥作用。它们的作用贯穿感知和决策的整个过程,是智能对信息共性的加工和认识,可以用认知效应集群来概括它们。若是这些功能有所缺陷,则不能形成正常的智力。

和其他的生物器官一样,智能系统自身也是一个复杂巨系统,像是视觉、听觉,它们彼此分离,又被统一在一个框架下。

5.5.1 感性能力的存在基础

从辩证唯物主义的立场出发,感性功能和智能系统是生物的一部分,无法脱离生物独立存在。具体来看,这些功能的实现必须依附于神经系统中的某些生物结构,本质上与呼吸和肺泡的关系类似。

---

① 癫痫是大脑神经元突发性异常放电,导致短暂的大脑功能障碍的一种慢性疾病。
② 分析心理学术语,指人类祖先进化过程中沉积的集体经验,处于人类精神的最低层,为人类所普遍拥有。

对感性的研究是非常困难的,因为感性是智能的基础,用理性来解读感性无异于管中窥豹。另外,脑部不同的功能区没有一个特别清晰的边界,而人体的其他器官通常是有围栏结构的。比如实现呼吸功能的肺,其外部就由一层上皮组织包裹。神经系统则不具备天然的封闭性。像是人脑中的语言和阅读区块间,就存在一个模糊的缓冲区,用于在发音和视觉符号之间建立广泛联系。

更令人困惑的是以意识为代表的心理功能,我们甚至很难在大脑中为它找到某个确定的载体。注意过程的原理,很可能是一种被称为同步振荡[1]的神经效应。这是一种去中心化[2]的自组织过程,没有一个具体的中心化载体或者指挥机构。

用还原论的思想研究复杂系统很容易陷入困难。因为复杂系统的整体大于部分之和。同样的道理,将感性能力还原到神经元甚至基因的层次不仅难度很大,而且实用价值也比较有限。

人类的每种心理能力都是由不计其数的神经元建构的。在小尺度系统与大尺度系统的交互中,各种跨尺度的对称性破缺会影响作用的因果关系。仅凭现有的研究方法还看不到解决的希望。

好在,多数情况下,微观的作用也很难对宏观结果产生什么影响。只要不涉及巨涨落问题,就可以将智能系统按功能拆解成一定粗粒度的黑箱[3],不必每次都还原到神经元层级。

三个感性功能集群的演化过程和存在基础是截然不同的。

感知映射集群是整个智能体系的基础。套用 3.1 的自组织分析框架,感知和映射过程为智能系统提供了最为基础的输入信息,在最底层决定了智能处理信息的整体规模水平。

在信息的传递、演绎运动中,偏好和情绪指导了思维意识流的运动倾向。对生存而言,重要的环境信息会触发情绪,即思维活动的势阱;与生存无关的信息不会被注意,即势垒。它们是物种演化过程中的教训换来的宝贵经验。

认知效应集群则是感性功能的高级组织形式。其中,注意系统能够让当下最为重要的感性体验信息得到涌现,是智能系统的规模发展到一定程度后,为突破无效信息流[4]形成的一种自组织机制。

纵观个体的演化历程,感性体验的重要性也会有所差别。为甄别、保存重要信息而形成的自组织机制就是记忆。

---

[1] 同步振荡是指大脑内部一个小区域内产生许多神经元共同激发的状态。

[2] 在一个分布有众多节点的系统中,每个节点都具有高度自治的特征。节点之间彼此可以自由连接,形成新的连接单元。任何一个节点都可能成为阶段性的中心,但不具备强制性的中心控制功能。

[3] 黑箱理论是指对特定的系统开展研究时,把系统作为一个看不透的黑色箱子,研究中不涉及系统内部的结构和相互关系,仅从其输入输出的特点了解该系统规律,用黑箱方法得到对一个系统规律的认识。

[4] 用来表示意识的流动特性,意识的内容是不断变化的,从来不会静止不动。

5.5 感性能力的基本性质

与计算机的同步计算不同,在智能运行的过程中,感性能力是异步的。

意识发挥作用的时候,记忆也在运作,视觉听觉也在不停地向系统输入信息。

但是在逻辑上,不同的功能集群对同一个环境刺激的处理却有着先后顺序。如图 5-1 所示,感知映射是最基础的步骤,它将物质系统的信息纳入智能系统,依照被感知事物的不同,情绪偏好集群会标记认识单元的意义和重要性。

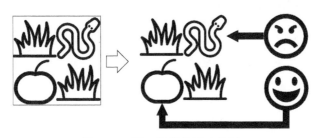

图 5-1 感知-情绪作用示意图

如图 5-2 所示,假设一个人进入草丛,看到了一个苹果和一条蛇。其中,蛇可以触发人的愤怒情绪,苹果则让人惊喜,因为可以吃。

图 5-2 注意作用示意图

之后,注意力系统开始发挥作用,颜色深浅表示受注意的强弱。愤怒情绪的优先级高于惊喜,因此人的注意力集中于蛇。消灭了蛇以后,对苹果喜爱将吸引注意。而青草则会被直接忽略。在人们注意蛇的同时,也会眼观四路、耳听八方。一旦有什么风吹草动,注意力就会发生偏移。在注意系统的整合下,离散、异步的感性能力才形成了一个统一的整体。

5.5.2 个体感性建构与神经发育

生物智能运作以动物的神经网络作为载体,因此感性、智能具有长久影响的变化,也必然有某种神经系统的长久性改变作为支撑。

与一般性的生命功能和结构不太一样,智能与神经元的总量并非正相关的。大多数生物结构,其规模增长和功能建构几乎是同步的,像是肌肉,体积越大力气也越大。而神经系统的规模增长则不与功能建构完全耦合。刚出生的婴儿,脑细胞总数量就已经到达了峰值,但是其内部的结构仍比较原始,功能处于人生的最低水平,不具备完整的视力和听力。

神经系统的规模增长,可以套用生命体和生命系统的一般发育范式,即式(4-16)。

我们以婴儿出生作为节点,将神经系统的发育分割为前后两个阶段。出生前,神经元的总数处于增加阶段;而在出生后,脑数量细胞持续减少,感性建构却开始了[1],至 2 岁左右基本完成。

根据医学观察,胎儿的神经管[2]大约在四周龄末期完成分化。随后神经管的上下两段分别分化成大脑和脊髓。至 32 周龄左右,胎儿的中枢神经的框架基本成型。大于 32 周的早产儿智力就完全正常了。32 周后,规模仍会有所发展,大约延续至 21 月龄。

在这一阶段中,规范信息即式(4-17),会根据环境中的物理、化学条件变化,控制中枢神经系统的演化过程。不同的脑区、神经团块,在规范信息的引导下发生分化,最终形成婴儿神经系统中的功能区域。

和其他生物结构一样,神经系统也会受到异形发育的影响。环境变化带来的干扰可以影响胎儿的神经发育[40],典型例子就是叶酸[3]。

而不同的感性能力,有着独立的演化和发育条件。发育最早的是听力,胎儿阶段就能对声音有所反应。而视觉则要等出生后睁开双眼了才会逐步成型。刚出生的婴儿只能识别黑白两种颜色和一些模糊的光影。

一些因眼球原因致盲的先天性盲人,即便成年后眼球得到治愈也无法拥有正常的视觉。这是因为感性能力的发育和年龄密切相关,一旦年龄过了,神经系统的可塑性就会显著下降,重新建构就难如登天。

目前讨论神经元工作的最佳工具是元胞自动机[4]模型。每个神经元都对应一个独立的元胞自动机。再通过重整化群或者平均场的方法,分析自动机的集群性质,建构更高层级的宏观功能。

单个神经元能实现的动作只有两类:第一类是与其他神经元形成链接,即突触构建;第二类是在不被需要的情况下死亡,即细胞凋亡。这两个动作之间可能存在一些联系。

---

① 一部分听觉能力在胎儿时期就开始发育,此处先不讨论。
② 神经管是发生中枢神经系统的始基,由神经沟闭合而成。
③ 叶酸是一种水溶性维生素,因绿叶中含量十分丰富而得名,又名喋酰谷氨酸。
④ 一种时间、空间、状态都离散,空间相互作用和时间因果关系为局部的网格动力学模型。

在人脑中,比较关键的神经元会不断发展壮大,而次要的神经元则会被剪除。随着神经网络的规模越来越庞大,神经元的数量反而会变得越来越少。对于某个神经元而言,如果周围神经元的发展情况远超自己,那么它更可能凋亡。

我们建立一个模型来讨论细胞群落与凋亡的关系,假设某神经元一共与 i 个神经元相连,每个神经元向其贡献 n_i 的神经冲动,则它受到的冲动信号总量 N 为

$$N = \sum_i n_i \tag{5-4}$$

根据神经冲动①模型,神经元具有一个最低的冲动阈值 K,如果输入的信号强度大于 K,神经元就会激发,产生动作电位②,向周边的神经元传递信号;反之则保持静默状态。

在大脑中,除了神经元还存在另一类细胞,它们被称为胶质细胞③。神经元主要负责信号的传导,而胶质细胞则负责供养神经元细胞,承担神经网络的定型以及转移工作。使用频度大的神经元,突触往往更加复杂。神经元激发之后,胶质细胞便会开始在同步活跃的神经元之间建构突触。在这种机制的作用下,同时发生的事情更容易被联想在一起,比如天气冷了很容易感冒,人们就会认为感冒是着凉引起的。

此外,根据神经科学的研究,突触既可以发挥正面激活作用,也可以发挥负面抑制作用,即通过神经递质阻碍动作电位的发生。这两种神经突触的建立,都是神经网络的发育形式之一。正面的即思维意识流的势阱,而抑制性的突触则形成了思维意识流的势垒。

元胞自动机模型最核心的工作是构筑和自动机之间的关联关系。建构条件是,当一个自动机被激活,即 $N > K$ 时,若存在远端的另一个自动机也被激活,即 $N' > K'$,那么两个自动机之间将会建构关联关系。关联关系的建构强度与两个自动机的距离 s 还有它们当前的演化规模指数 λ_{E_V} 有关,即

$$\Delta E_V = f(s, \lambda_{E_V}) \tag{5-5}$$

另外,由于血液循环系统的限制,脑的体积和功能是相对固定的。神经元的养分是由胶质细胞供给的,神经元的突触越多、规模越大,与胶质细胞的接触面积越大、养分配给也越大。一旦某个神经元建立了新突触,它的体积和得到的养分配给也会增加,周边神经元的养分配给也就相应地减少了。

---

① 神经冲动,沿着神经纤维传导的兴奋或动作电位。
② 动作电位是指可兴奋细胞受到刺激时在静息电位的基础上产生的可扩布的电位变化过程。
③ 神经胶质细胞,简称胶质细胞,是神经组织中除神经元以外的另一大类细胞,也有突起,但无树突和轴突之分,广泛分布于中枢和周围神经系统。在哺乳类动物中,神经胶质细胞与神经元的细胞数量比例约为 10∶1。在中枢神经系统中的神经胶质细胞主要有星形胶质细胞、少突胶质细胞(与前者合称为大胶质细胞)和小胶质细胞等。胶质细胞的作用包括连接、支持、分配营养物质、参与修复和吞噬的作用。

由此推论,假设一个神经元的发育相对迟缓,那它分配的资源也会减少,就更有可能走向凋亡,即死亡驱动子 ϵ_D 随着区域 S 内的神经元突触演化量 E_{V_S} 和自身突触演化总量 E_{V_I} 的比值增加,即

$$\frac{\partial \epsilon_D}{\partial \left(\dfrac{\sum s E_{V_S}}{E_{V_I}} \right)} > 0 \tag{5-6}$$

$$E_{V_I} = \sum E_{V_i} \tag{5-7}$$

神经元的演化量 E_{V_n} 包括了突触演化量 E_{V_I} 和胞体演化量 E_{V_0},即 $E_{V_n} = E_{V_I} + E_{V_0}$,一旦驱动子越过死亡临界 D,神经元就会走向凋亡。突触网路较大的神经元能够获得的养分更多,不容易死亡。

即当 $\epsilon_D \geq D$ 时

$$\lim_{t \to \infty} E_{V_n} = 0 \tag{5-8}$$

认知效应集群则是神经元自身的运作机制导致的。比如记忆就是突触构建形成的宏观结果。这些功能在神经发育的第一个阶段,即婴儿初生的时候就已经具备了。

感知映射和情绪偏好功能在神经网络结构中有比较明确的载体。其中,情绪偏好集群与激素系统关系紧密。兴奋的时候,肾上腺素会上升,同时还有心跳加速、血液加速等一系列机体反应。而感知映射集群的神经元则与感觉器官直接相连,诸如眼睛和耳朵。

在神经系统发育的第一个阶段,构成这些感性功能的神经元还没有分化,它们的性质是类似的。在演化过程中,交界地带的神经元具备走向不同分化路径的可能性,例如盲人的听力和触觉往往会更好。

感知映射集群的神经元靠近用于实现视听觉的功能性神经,也与之形成了大量的突触用于处理这些信号感知。功能性神经不断向感知映射集群输入信号,映射功能才得以建构。如果功能性神经没有发挥作用,那么感性直观也不会形成。就像先天盲人无法理解颜色,先天聋哑人也无法体验音乐,这是实践塑造认识的生物学解释。

如图 5-3 所示,在视觉直观的框架中,先是由视紫红质以及视网膜、晶状体①等一系列感觉器官捕捉信号,视网膜②的后端联结着视神经纤维,负责分析和传输感官信号,属于功能神经。视神经纤维将信号传至大脑,构成了直接还原刺激信号

---

① 晶状体位于玻璃体前,周围由晶状体悬韧带与睫状体相连,呈双凸透镜状,富有弹性。
② 视网膜为眼球壁的内层,分为视网膜盲首部和视部,盲部包括视网膜虹膜部和视网膜睫状体部,各贴附于虹膜和睫状体内面,是虹膜和睫状体的组成部分。

的视觉映射区,视觉映射区形成了视觉的感性。

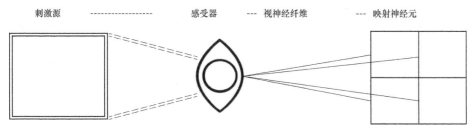

图 5-3　视觉映射示意图

对于感知映射和情绪集群中的神经元而言,除了与其他中枢神经元的突触 x_i ,它们还有功能神经元的突触 y 。

这些元胞自动机的演化量就可以分成三个子项,即胞体 Ev_0 、中枢突触 $\sum_i Ev_i$ 和功能突触 Ev_y ,即

$$Ev_n = Ev_0 + \sum_i Ev_i + Ev_y \tag{5-9}$$

根据发展心理学的研究,神经系统在胎儿 32 周开始发育。两岁以后,儿童发育的运动感知阶段结束,直观能力逼近成人水平。此时,功能神经与映射神经元之间的突触也已基本建构完成。即 Ev_0 的发育先于 Ev_y 的发育先于 $\sum_i Ev_i$ 的发育。

接着 4.4.5 节中环境信息对发育影响的讨论。感性功能建构的本质依旧是环境信息不断沉积在神经网络中。从一个比较长的时间尺度来看,信息的沉积量太过庞大,具体某一次刺激不会深刻影响感性功能的发育,只要发育的环境类似,最终的建构结果就是差不多的。

人类感性能力的共同性,源自共性的发育规则和发育环境,是智能体基于共性规则展开共性实践的结果。

5.5.3　感性能力的进化

种群意义上的感性演化则是物种演化的一部分,塑造它们的规范信息来自环境。在生命适应新生境、拓展新生境的过程中,沉淀的规范信息也会不断变化,其中一部分就影响了感性功能,造成了生物学意义上的智能进化。

研究这一领域的学科被称作进化心理学。在进化心理学中,人类共性的心理功能被抽象成不同的心理适应器。适应器的概念源自进化论,指的是生物为了适应特定环境而演化出来的器官。例如,口腔中用于咀嚼植食的白齿[①]就是食草动

[①] 白齿俗称磨牙,是人类和其他哺乳动物的一种牙齿,位于口腔后方,上端扁平,主要用来研磨和咀嚼食物。

物的适应器,而用于捕猎肉食的犬齿①则可以被当作肉食动物的适应器。在杂食类动物诸如人类或熊猫身上,这两类牙齿兼而有之。

适应器向某个形态特化是第一类进化,即物竞天择,生物向着提高环境适应性的方向演化。而适应器总量或类别的增加依赖于二类进化,是广泛的信息沉积增加了智能系统的规模和复杂度,从而产生了的新功能。

心理适应器理论提供了一种研究智能功能的动态视角。在这套理论中,感性被分割为独立功能或行为模式展开讨论。人类对于某种食物的偏好就可以视作一种心理适应器。我们会觉得炸鸡烤肉香气四溢,而臭鱼烂虾却令人恶心。这就是一种特定生活方式留下的心理印记,能够有效地激励生命体采取某些行为。在不同环境下生存的生物,对于食物的偏好也不同。

心理适应器理论是连通感性功能与进化的绝妙桥梁。这一范式也可以通过自组织模型角度进行诠释。其中,生命代际传承中的竞争与选择,就扮演了自组织模型中的正反馈效应。通过异性选择,对生存有益的功能可以得到保留和强化,从而被种群中更多的后代所继承[41]。

另外,随着生存范围的扩展,全新的感性能力开始出现。智能的复杂化是一个逐级的、渐进的过程。一些历史比较久远的感性能力,在人类和其他高等动物身上均有发现,也有一些出现时间比较短的感性能力是人类特有的。

其中感知映射集群发展历史最长。从前寒武纪的环节动物化石开始算起,能够加工外部信息的多细胞动物已经在地球上生活了近七亿年。

在已知世界中,地球是唯一一个出现了复杂生命的星球,但是地球的环境也绝对不算伊甸园。无论是某一地区的局部环境,还是星球的整体气候,都具有一定的不稳定性,时刻处于变化中。

即便生命体终身固着在某个区域,环境的改变也会被动地冲击它。而感知和映射正是为了捕捉环境变化而存在的。不会运动的物体甚至没有被观察的必要,一些包括熊在内的现代捕食者都很难发现静止不动的猎物。

映射环境信息的载体也不止神经系统一种。某种意义上,植物也拥有一定的智能。在自然界中,比较高等的植物也能感知白天黑夜、春夏秋冬。有些植物还能实现一些更加高级的行为,诸如含羞草和向日葵,它们能够实时捕捉周边的风吹草动或日光轨迹。

实现感知的方法很简单,首先通过感受器中的感觉分子捕捉环境中的信号,诸如视紫红质,它们会根据光照的刺激改变自身的结构;再通过一系列的化学反应将这个事件的影响逐级放大,最终到达能够影响整个生命体的程度。

---

① 犬齿是位于门齿和前臼齿之间又长又尖的牙齿。它是杀敌、制敌、自卫的武器,有的用来作为挖掘的工具,例如野猪。肉食动物有非常发达的犬齿,而灵长类也有非常发达的犬齿,例如叶猴、大猩猩等。

情绪偏好集群和认知效应集群则是动物特有的。动物在环境中运动、觅食,对于机体的适应能力提出了更高的要求。固着不动的生命体,周围的环境变化通常有周期性。而动物生活的环境则面临大量突发事件,很难通过一套固定的办法解决所有问题,必须随机应变。由此就衍生出了很多感觉器官,捕捉任何有可能产生重大影响的环境变化。

而情绪偏好集群的作用则是能帮助智能体选择最核心、最关键的感觉信号。这一过程被行为主义学者总结为应激-决策-效应链,完成这一链条需要复杂的信号传递与处理工作,只有神经系统能胜任如此艰巨的工作。或者说,神经系统就是为了更好地完成这一任务而存在并不断演化的。

自寒武纪大爆发起,生命之间开启了剧烈的内部竞争,这也对单个生命体适应能力提出了更高的要求。在这一时期,神经系统的进化不仅体现在数量上,在信号传输速率①上也比埃迪卡拉季的老前辈提升了近千倍。更重要的是,神经细胞们形成了以脑和脊髓为代表的神经中枢。在中枢内,更高的神经元密度为前馈神经网络的出现铺垫了可能性。

高密度的神经元是形成认知效应群的基础。认知效应可以看作基础神经运动的高级组织形式,因此只有高密度、高工作强度的神经元,才会基于某种原因发生自组织,产生认知效应。在内源性的既成结构和外源性刺激共同作用下,最终形成每个智能体的独特体验与记忆。

在认知效应集群中,记忆功能处于最基础的地位。记忆是环境信息在智能系统沉积造成的现象。即便只有几秒钟的记忆能力,也足以让生命体形成心理时间,进而理解事件的先后次序。在此基础上,稳定的长期记忆还能以多种形式储存在神经中枢内,形成个体经验,它们会影响生命体之后的行为以及新记忆的形成。

随着神经系统进一步复杂化,感性和理性群落共同在生命体内部组成了一个极其庞大的精神世界。生命开始用自己的记忆模拟宇宙变化,并预测这些变化的可能结果。

根据生物学的研究,睡眠的快速眼动期②在哺乳类和鸟类中普遍存在。这意味着每当这些高等动物闭上眼睛睡觉时,环境信息的流入会被彻底隔绝。同时,内在的记忆群落却在不断地激发情绪偏好集群,形成一个又一个光怪陆离的梦境。在这些梦境中,智能体将感性体验的具体经验和情绪偏好功能联系在一起,形成了基于直观体验的具体运算,推演一些可能发生的情景作为"预习"。

到了距今约450万年前,地质运动在非洲东部造成了剧烈的气候变迁,形成了

---

① 人类神经细胞传输率约100m/s,环节动物约12cm/s。
② 快速眼动期是指在睡眠的一个阶段,脑电波频率变快、振幅变低、心率加快、血压升高、眼球不停地左右摆动。

东非大裂谷①。裂谷东部降水匮乏,雨林变成稀树草原。为了争取更多的生存资源,一些古猿人离开了日益贫瘠的树林,去大草原上觅食。人类的祖先是猿猴,为了适应树栖生活,猿猴进化出了特异性的身体构造。前腿演变为手,失去了在草原上狂奔的能力。由于身体结构过于独特,人类对草原的跨位适应过程十分艰难,却也创造了许多不曾出现过的生活方式。

在石器时代,石块和石制工具攻击能力还比较有限,不能瞬间让猎物失去反抗能力。所以人类的祖先也无法像常见的肉食动物那样,先用感官感受确定合适的目标,再冲上去直接制服猎物。

受到运动速度和攻击能力的双重限制,古人类猎人的常用捕猎策略是先用工具创伤猎物,再通过长时间的追逐使其力竭。直至 18 世纪,欧洲的猎人仍然会采用类似的方法捕猎鲸鱼,先用捕鲸叉造成鲸鱼失血,之后鲸叉会拖动小船跟随鲸鱼一起游动直至鲸鱼失血死亡。

野生动物的运动能力普遍强于古人类,受惊的动物会以最快的速度逃离,变得看不见也闻不着。丢失了感官的直接感受,古人类就只能通过个体的经验以及环境中的其他信息去追踪消失不见的猎物。这对心理世界的建构能力提出了很高的要求,古人类必须能从过去的信息碎片中找到线索,才能实现从现时此刻奔赴美好未来。

人类以外的灵长类动物也拥有抽象能力,例如狒狒和黑猩猩。但是这些生物面临的挑战远不如人类,抽象能力被用来处理一些外壳比较坚硬的坚果,重新组织信息碎片的需求也远远低于人类。也正因如此,它们的智力发展到一个阶段后就进入了平台期。

在古人类群体中,生存对抽象能力形成了更强的选择压②。抽象能力更强的个体,不仅更容易躲避危险,追踪目标猎物的成功率也更高。在物种竞争和异性选择的推动下,抽象能力的增长实现了长久的正反馈效应,人群的平均抽象能力也变得越来越强。

最终,量变发展成质变,人类掌握了独特的心理功能,通过抽象象征和符号演绎实现形式运算。象征是抽象的一种特殊形式。通过脚印联想到熊是抽象,而用熊掌代替熊则是象征③。形式运算即理性和思维,我们常将它独立于感性讨论,但它的本质却是一种特殊的感性功能。形式运算最早出现于公元前 7 万年[42],可能是一次大脑结构的变化导致的。这次结构变化改变了人类世界的语言体系,触发

---

① 东非大裂谷是世界大陆上最大的断裂带,从卫星照片上看去犹如一道巨大的伤疤。
② 选择压是指在 2 个相对性状之间,一个性状被选择而生存下来的优势。
③ 用具体事物表现某些抽象意义。

了第一次认知革命①。人类开始在象征符号之间建立联系,并再次抽象,也就是在抽象经验的基础上再次进行抽象思考,从而实现概念叠层。

套用计算机领域的感知机模型,象征思考即前馈神经网络,而二次抽象则是多层前馈神经网络。只有多层前馈神经网络才能建立复杂的逻辑关系,通过多元模型来模拟物质系统的运动。

不同感性能力的演化历程,可以总结为如表 5-1 所列的感性演化表。

表 5-1 感性演化表

感性能力	感知映射	情绪偏好 记忆、注意	具体运算功能	抽象功能	象征功能	形式运算
出现年代	7亿年前③	5亿年前④	约6500万年前⑤	1500万年前	300万年前	7万年前
代表物种	器官分化的多细胞动物	软体门 脊索门 节肢门	鸟纲 哺乳纲⑥	人科 狒狒属	人属	现代人
器质特征	神经系统 化学系统	神经中枢	快速眼动期⑦	较大脑容量 较大前额叶占比		言语功能区
选择压	外界危险	环境变化	极端环境变化	追踪行为	沟通行为	社会活动
隧穿工具	做出反应	学习能力	联合性学习⑧	推理演绎		系统学习⑨

5.5.4 感性与理性的分野

感性是基于物质系统得出的认知形象,而理性则是形而上的,是智能体对感性信息的推理、归纳,以及在此基础上得出的抽象经验。海德格尔认为,理性是包含在言语之中理解,而逻辑则是有所表达的言语[43]。

整体来看,理性的展开必须有感性作为支撑,包括记忆功能以及对声音的直观理解等。另外,理性的载体是一片比较明确的生物结构,一个与听觉映射区紧密相连的大脑区块。

和其他的感性功能相比,理性成熟的时间比较晚。从掌握语言开始发育,至30岁左右到达顶峰。理性是高度个性化的,不同文化圈的语言不通用,也没有两

---

① 第一次认识革命指的是公元前 7 万~3 万年,人类文明陆续出现图腾、绘画、宗教的历史时期。
③ 对应埃迪卡拉季(6.35~5.41亿年前)和埃迪卡拉动物群。
④ 对应约 5 亿年前的寒武纪生物大爆发。
⑤ 对应白垩纪大灭绝,以恐龙为代表的大量生物,不能快速适应新环境,因而绝种。
⑥ 章鱼也拥有间接关联能力,章鱼具有多个平行神经中枢,关联办法可能与脊索动物有区别。
⑦ 梦境是个体经验间发生关联的直接证据,与睡眠的快速眼动期有关。
⑧ 将多个不同的经验组合在一起。
⑨ 心理学概念,包括总括学习和并行学习。

个思维模式完全一样的人。

理性的建构过程依赖于感性经验,与感性体验越接近的言语概念越容易建构。就拿左右、前后、上下,三个空间维度作为例子,上下维度具有直观的不对称性,是地球客观重力造成的;前后维度,也因为人的正反两面不一样,很容易区分;只有左右维度比较对称,很难从直观上区分。左右的概念是三个维度中最抽象的。假如一个人从小在太空中成长,那么他对上下维度的感知就只能基于身体的上下肢区别,更像是我们的前后维度。

词语概念的抽象程度,即是它们与感性体验的距离。一些词汇只具有理性意义,像是荣誉、民族,很难说它们对应了具体的感性体验。

因此,理性是一种基于感性却又超出感性的存在。

5.6 理性的建构原理

智能处理的信息主要有两个来源,其中最主要、最基础的是来自客观世界的信息。它包括了身体的内部状态及外部环境的变化,由我们的感性功能来具体处理。感性和直观就像是一个低配版的拉布拉斯妖,映射单元通过一一对应的方法模拟环境中的客观变化。

另外,每次感知映射都会在神经网络中留下信息沉积。随着年龄的增加,精神世界中沉积的记忆会变得越来越多。与针对现实此刻的感性直观不同,记忆与经验的记录对象是过往的事件。它们作为一种个性化的、后天的信息源,向智能框架输入信息。

结合4.1节中自组织的发生原理,任何高级结构的建构都是为了突破系统当前面临的瓶颈,制造一条突破势垒的隧穿通道,增加系统的运行效率。理性与经验的关系也是如此,在智能系统中,能够参与推理的短时记忆①很有限,比如人类的短时记忆就只能容纳大约7个词语。当沉积的感性经验数量太多时,有价值的信息就很难在同一个时刻加入演绎[44]。

如图5-4所示,通过归纳和抽象,有关联的感性经验可以被提前整理好。在需要讨论的时候同时拿出来,进而制定更复杂的计划、实现更困难的目标。智能的存在可以让动物行为导致的后果从随机向着可预测转变。同时,向环境输出的负熵流也会增加。而归纳与抽象,能够增加每次决策参考的信息总量,使动物的行为变得更有规律,更有目的性。

注意力系统在感性功能中的重要度是毋庸置疑的,而神经元集群的注意过程,

---

① 短时记忆是指在一段较短的时间内储存少量信息的记忆系统,处于感觉记忆与长时记忆之间的一个阶段。

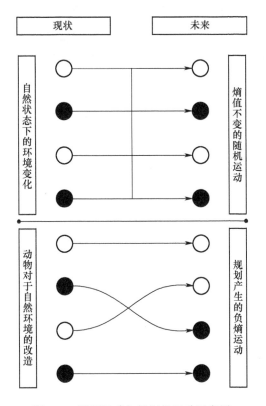

图 5-4 随机运动与规划的运动示意图

又会压制其他不被注意的并行运算。只要注意力系统还存在,智能体的短时记忆就注定是非常有限的。

推理和演绎这些与意识相关的心理活动均会调用短时记忆这种相对稀缺的资源,能够进入短时记忆的信息量,与感知映射层捕捉到的感觉信息①、经验沉淀信息形成的长时记忆②比起来,只能算是九牛一毛。而理性的抽象运算方法,能够处理经过了压缩的信息,进而扩大感知范围,优化认知资源的利用效率。

如图 5-5 所示,智能体每个时刻可以执行的运算流是有限的。通过抽象的方法,可以将具体信息的运算压缩兼并成抽象符号的运算,智能体可以综合的信息总量就会变多。

在自然界中,越是多变的环境就越是危险,然而危险通常也与机遇并存,如果能充分把握环境中的信息,制定出有效策略,就能在复杂多变的环境中生存。

---

① 感觉信息是指外界刺激呈现后,一定数量的信息在感觉通道内迅速被登记并保留一瞬间的记忆。
② 长时记忆是指存储时间在一分钟以上的记忆,一般能保持多年甚至终身。

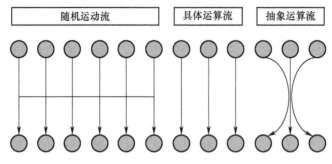

图 5-5 运算流示意图

也正因为智能的演绎能力有限,在面临多变的复杂问题时很容易出现演绎壁垒问题。如图 5-6 所示,如果环境过于复杂,演绎的速度就会跟不上环境的变化。即便对事物的一部分作出了预测,无法被掌握的混沌部分还是会导致预测模型完全失去意义。这样一来,抽象运算就能成为突破演绎壁垒的隧穿通道。思考和总结的作用也由此凸显,抽象能力越强就越能制定有效策略,适应复杂多变的环境。

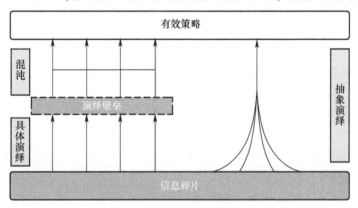

图 5-6 演绎壁垒与抽象隧穿示意图

情绪和偏好会赋予人欲望,而横在欲望面前的是现实与理想的差距。这种主观理性与客观现实的矛盾,其实是生命进化 30 亿年的积累经验在鼓励你克服眼前的困难。困难越大,所需的解决方案就越精巧。在解决这些困难的过程中,智能也在不断积累经验,变得越来越强。

5.6.1 心理时间对感性的统合

人的感性体验包括了对外的直观和内生的情绪和直觉。将不同的感觉体验统合在一起,是从感性走向理性演绎的第一步。

如图 5-7 所示,人对外的直观体验是由感知映射集群采集环境信息得到的。

常见的直观体验包括视觉、听觉、嗅觉、触觉、味觉,也就是五感。同时发生的直观体验拥有"心理时间"意义上的同时性。具有同时性的感性体验共同构成了物质系统在智能体的心智空间中留下的投影。

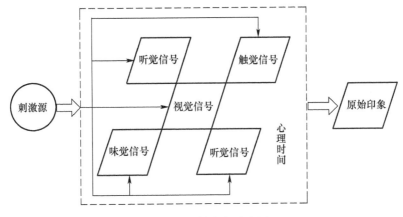

图 5-7　原始印象示意图

以对地铁列车的感知为例,在地铁进站的过程中,我们会看到两个巨大的发光源,一个修长的长方形盒子;还会听到"呼啦"和"唷噔"的声音;很快,一股剧烈的风拂过了我们的头顶,随之而来的,还有一股破空而来的霉味。这些信息以不同的形式被我们接收到,但是在认知框架中,它们被心理时间重整为一体,也就是我们对于地铁的原始印象。

心理时间的同时性,还在物质系统原始印象与我们的情绪间建立了关联关系。就好比大闸蟹,有着一对毛钳,四条细腿,坚硬的外壳,横向爬动。品尝后,味觉信号表达了氨基酸的鲜美、脂肪酸的醇厚,让人感到美味和舒适。人的内在体验又和大闸蟹的原始印象联系了在一起,综合形成了关于大闸蟹很好吃的感性体验。

在神经系统处理信息的同时,环境中的信息也在反向塑造神经系统。胶质细胞会帮助神经元构建新的突触,将重要的感性体验长久性地保留下来。

人类的直观体验是十分丰富的,而它在我们精神世界中留下的经验也同样以多元化的感性形式存在。

每个人最深刻的记忆往往极具画面感。这些体验的信息量非常庞大,是记忆对于感知映射集群的反向激发。形成记忆画面感的器官是负责映射感知的神经元集群,它们曾经的活动被记忆神经元记录,而这些记录也能反向激发人的感觉。

在一些场景中,用直观形式展开的形象思维比言语的逻辑思维更具效率,爱因斯坦就经常通过图像的方式思考问题。

对感性的统合是智能系统的基础,它定义了智能对物质系统的认识。统合感性体验的工具是心理时间。统合好的感性体验通过再用象征符号形成抽象关系,理性演绎形成的基础就充分具备了。

5.6.2 抽象与再抽象

抽象和象征是一体两面的,是用某一个感性体验替代另一个或数个感性体验共同组成的原始印象。

人类的抽象能力继承自树栖灵长类,又在狩猎采集时代的数百万年里实现了飞跃般的发展。

与豺狼虎豹这样的掠食者不同,人类的感知能力算不上敏锐,运动能力也欠缺,一般是通过追猎的方式捕获猎物。石器时代的猎人,追猎依靠的主要线索是猎物在泥土中留下的脚印。在智能框架中,泥土和山羊是两个认识单元。山羊作为一个生命体拥有同步性,而脚印和山羊则具有心理时间的同时性。于是两者在神经机制的作用下构筑了关系。猎人能通过脚印和山羊的联系追踪山羊。

这一思维过程中,有关脚印的感性体验信息在思维中关联并替代了有关山羊的系列信息,是一个典型的抽象过程。用集合论的思维来理解,即将信息序列 $\{I_1, I_2, \cdots, I_n\}$ 视作一个整体集合 I,再用某一个符号,比如用 δ 来代替这个集合。

同时,人类还是协作捕猎的群居动物。人的思想和智能会在交流过程中达成共识,针对某物的象征符号也在这一过程中变得通用。两个意识形态相同的人可以迅速理解彼此,进而提高工作效率。

词语符号的大量积累最终质变成语言,语言拥有更高级的组织结构。在智能体的思维中,词语全面地代替了原始印象,节约了大量的脑力。

作为象征符号的词语,被称为概念或理念。而概念的大量堆积则让针对概念本身的抽象成为必要。

从原始印象中抽象得到的概念叫作形象概念,例如大象对应了大象的原始印象是一个形象概念。从概念中抽象得到的概念叫作抽象概念,比如动物就包含了大象、老虎等,是一个抽象概念。

一些非常简单的句子实际上已经发生了数次抽象。比如"今天我们一起去吃饭",在这个句子中,只有"一起去吃"可以看作是由某个行为的原始印象得到的形象概念。而"今天""我们""饭",这三个词定义起来就没那么容易了。我们更是高度抽象,将这个概念看作一个集合,集合中的元素你、我、他也全是抽象概念。

抽象概念的叠层实现了思维大跃进。智能的短时记忆是有限的,但是通过抽象叠层就能将非常多的信息关联到一个词语的感性体验上。例如只需"生活"一个词语就概括了不同时刻发生在身边的全部事件,生活还能拿来和其他词语一起思考。

直到今天,仍有词语概念被不断创造出来。无数词语汇成的语言就像一首歌,背负着千百代人的所思所想,飞向了认知所及最遥远的宇宙。

5.7 单体智能的演化

无论是感性还是理性能力，都是智能生命体精神世界正常运作必不可少的一环，必须在统一的框架下相互配合才能发挥作用。

发展心理学是从整体的角度研究人类智能演化的学科。根据该领域的研究，大约自 2 岁开始，儿童就已经能完全感知周边的环境了。这意味着感性功能基本发育成熟，拥有了基于原始印象的心理运算能力。而理性则是基于感性经验的进一步演化。比如语言就必须建立在听觉的基础上，对图形和空间的理解则依赖于视觉。

人类单体智能处理信息的能力大概在 18 岁左右发育至平台期，神经突触的整体规模触顶，即神经网络的自组织遭遇了临界，导致生长停滞。这个问题是比较好理解的，毕竟人类的脑容量有限。假设大脑由 n 个神经元的演化量 E_V 组成，其总和规模 E_{V_B} 是有上限的，18 岁以后就不随时间 t 的流逝而增加了。

我们假设每个神经元的演化量 E_{V_n} 又有不变的细胞核演化量 E_{V_0} 和若干突触的演化量 E_{V_i} 组成，即

$$\begin{cases} E_{V_n} = E_{V_0} + \sum_i E_{V_i} \\ E_{V_B} = \sum_n E_{V_n} \end{cases} \quad (5\text{-}10)$$

整体上看，生物智能处理信息的能力水平正比于突触总量。由于脑容量一定，因此人类智力的增加，主要是靠削减神经元的数量来增加突触的建构。突触总规模 $\sum n \sum i E_{V_{in}}$，即 n 个神经元的 i 个神经元突触的总和，又因为不同的神经元 n 有着不同的突触数量，因此用 i_n 来表达，也可以将它看作 n 个神经元的总规模去掉胞体的规模，即

$$\sum_n \sum_i E_{V_{i_n}} = E_{V_n} - n E_{V_0} \quad (5\text{-}11)$$

另外，突触不具备合成神经递质的能力，其正常运行离不开神经元的胞体。当突触的规模发育到一定程度后，就会与胞体的生物分子合成能力发生矛盾，进而限制突触规模的进一步扩大。

假设这个临界水平是 K_I，即

$$\lim_{\frac{\sum_i E_{V_i}}{E_{V_0}} \to K_I} \frac{dE_{V_i}}{dt} = 0 \quad (5\text{-}12)$$

宏观来看，在身体机能稳定的情况下，如果常用的神经元都满足了式(5-12)的情况，那么突触网络的规模的增长就会停止。

不同的智能功能分区，发育时间也是不一样的，视觉、听觉这样的基础区域会以更快的速度成熟，同时也会存在一些发育较慢的区域。将某个功能区域的总和突触规模设作经验总量 Exp，即有

$$\text{Exp} = \sum_n \sum_i E_{V_{in}}$$

套用式(4-16)的模型，将某个区域平均的突触-胞体比值即 $\text{Exp}/(nE_{V_0})$ 当作该功能区域的终止子 ϵ_E，而 K_I 临界则是功能发育的终止阈 E，越是逼近终止阈，智能经验积累的速度 $\text{dExp}/\text{d}t$ 就越慢。

即

$$\frac{\partial\left(\dfrac{\text{dExp}}{\text{d}t}\right)}{\partial\left(\dfrac{\text{Exp}}{nE_{V_0}}\right)} < 0 \tag{5-13}$$

随着理性功能的成熟，整个神经网络的规模发育在 16～18 岁完成收敛。当然，人的智力水平不仅取决于经验的规模，更关键的是经验解决问题的效率，即式(5-2)模型的准确性和式(5-3)计算熵的大小。

我们将整体神经网络拆分成 m 个功能分区。智能解决问题的水平 W_m，按照功能分区的网络规模 Exp_m，按计算熵加权求和，即

$$E_{V_B} - nE_{V_0} = \sum m\, \text{Exp}_m$$

$$W_m = \sum_m (\text{Exp}_m Sc_m) \tag{5-14}$$

不同的人类大脑，建构原理和整体规模高度相似。但是每个人认识世界的方法论和解决问题的工具却有着很大区别。成年之后，尽管神经突触的整体规模不再增加，但是突触的结构仍会发生调整。这种变化在 30 岁之前都是比较活跃的，它会持续地优化工具性记忆处理问题的效率。

按照美国心理学家雷蒙德①的理论，即人的流体智力②在 18 岁左右完成发育，但是晶体智力③可以终身增加[45]。

5.8 知识的建构原理

感性和理性属于具体的人，而知识和文化属于人类文明。

每个文明都有一套符号知识系统和形而上学体系。掌握这些概念关系的人群

---

① 雷蒙德·卡特尔(1905—1998)，美国心理学家，最早应用因素分析法研究人格。
② 流体智力是一种以生理为基础的认知能力，如知觉、记忆、运算速度、推理能力等。
③ 晶体智力是指在实践以习得的经验为基础的能力，如技能、语言文字能力、判断力等。

会产生共同的意识形态,形成精神上的统一体。

知识的载体是物理符号和它们之间的关系。比起具体的思维逻辑,知识体系的构建方法更为重要。这通常是一个学科在开创之初由它的开山鼻祖架设好的。拥有同样传承的学者,研究方法和概念体系高度相似,可以一代一代传承下去。

比如在物理学中,就采取理论假设-推理预言-试验验证的方法,来逐步扩大学说的应用范围。这种规范是人们转换经验与知识的范式,也称认识世界的方法论。对于一套形而上学体系而言,方法论的好坏至关重要。

对于智能体而言,知识中的经验是间接的,需要经过自主理解才能在实践中运用。符号系统能在多大程度上消除人群中的理解歧义,决定了信息在文明中的衰变速率。

几乎无一例外,最后所有知识系统还是陷入了传承和系统性的理解危机,在各自的学术群体中引发了无休止的内部争论。最典型的例子就是孔子创立的儒家思想。

儒家学者通常会从孔子撰写的著作中寻找根据。虽然论据是一样的,但不同的学派可以得出截然相反的观点。同样是一本《春秋》,由《春秋·公羊传》发展而来的"公羊学派"[1]和《春秋·谷梁传》发展而来的"谷梁学派"[2],主张和观点几乎是相反的。

同一个句子,换个不同的念法意思就不一样了。到了近现代,国学著作已经浩如烟海,但是大量的内容是对先前内容的注解、对注解的注解,偏离了知识体系解释世界、改造世界的初衷。为此,鲁迅曾经警示国人,不要钻牛角尖,去看看别的体系中不一样的东西。从系统论的角度出发,这就是信息在知识系统演化过程中发生的耗散,或称信息熵[3]。

后来,基于数学的公式体系得到了广泛应用。这套体系很难产生歧义,具有无与伦比的准确性。或许正如柏拉图所说的,永恒不变的真理只在人的理念世界中存在。数学是纯理念的,是最为纯正的形而上学。现代科学也是借用数学的方法,才实现了对概念的准确定义和传承。

基于纯理念的数学表达是知识体系的终极形态。它必须刨去一切真实而庞杂的信息,只留下现象背后的逻辑关系,是信息的"奇点",因此也散无可散。

知识体系的建构依赖于理性,本质是用符号保存理性运行的信息。影响它建

---

[1] 公羊学派在一定程度上吸收了孟子的思想,研究微言大义、主张九世复仇等。著名学者包括董仲舒、苏武、康有为。

[2] 谷梁学派的思想接近法家,主张严格对待贵贱尊卑之别,世家大族亲亲相隐,尊重君王权威不限制王权。

[3] 由美国数学家香农提出,对信息的销毁是一个不可逆过程,所以销毁信息是符合热力学第二定律的。

构的因素来自两个方面,一方面是受理性自身特性的限制。理性从感性和直观出发,通过归纳的方法不断抽象,总结成上级概念。新术语的产生,即是将个体经验归入符号系统之中。

两个智能体的感性体验不可能完全重叠,因此不同个体理性思维的结果也注定会发生偏移。当抽象叠层的次数累积到一定的程度时,概念指代的具体信息就会完全不同。其用意和内涵只有创作者本人可以理解,对于被传承的学习者而言,就不具备任何实际意义了。

将同一套符号系统的使用者理解抽象概念时产生的理解偏移水平设作 m。那么,多重抽象概念就可以根据抽象的 n 次数,按照阶乘得到一个复合理解偏移水平 M,即

$$M = \prod_{n=1} m_n \tag{5-15}$$

式中:m_n 为一个相对稳定的值。这是因为,假如建构一个抽象概念的次级概念数量比较多时,我们可以忽略个性化的差异,将理解偏移看作一个非个性化的系统性问题。

影响知识建构的另一方面因素来自理念的适用范围。形而上学将真实世界理想化,转变为一个一个符号展开演绎和推理,并将之泛化到未知的场景中。尽管推理的过程可以做到百分之百的准确,但是总结这套理论的环境与应用理论的环境一定会存在差别。随着差别的变大,模型演绎的准确度也会同步下降,直至完全随机。

一些参量的增加可能会导致系统运行发生对称性破缺,而越是远离实际情况的模型,就越容易出现问题。此外,对称破缺会在哪个时刻、以何种形式出现,是很难凭借一时的情况预测的。处于远离临界点的状态,临界现象能够造成的影响十分微弱[46]。

在第二次科学革命①中,一个理论的标度范围必须上升到和模型本身同样重要的程度,自然科学才有更进一步的可能。

5.9 智能演化综述

在本章中,我们将智能分为感性、理性以及知识三个部分。其中,感性更多的是对真实世界的直接模拟,其能力水平主要受限于映射单元集群的规模。以昆虫为例,提升视觉感知的主要方法是增加复眼②的数量,越是高级的甲壳类动物,复

---

① 普利高津,从存在科学到演化科学的革命。
② 复眼是一种由不定数量的小眼组成的感知器官。

眼的数量就越多。以人类为代表的脊椎类动物,虽然只有一对眼睛,却拥有大量的感觉神经集群,可以通过增加视神经的数量以及拓展映射层规模来加强视觉能力。

通常情况下,神经系统重量与体重的比值越大,物种的感觉越敏锐,平均智能水平越高。动物感受器的规模往往与体型成正比,比如大象眼睛和身体的比例其实与老鼠差不多;体型的增加会扩大动物的感受野①,比如老鼠触觉的感受野由老鼠的皮肤面积决定,大象的触觉感受野取决于大象的皮肤面积,拿一根针刺大象,它也能感受到,没必要拿一根巨大的木刺。为了处理更多的直观体验信息(包括视觉、听觉等),神经网络的规模也必须同比例地放大。

在自然界中,敏锐程度相当的动物,大脑重量与体重的比值也差不多。大脑的占比越大,感觉越敏锐。例如人类、海豚、麻雀等比较聪明的动物,大脑占身体的比重都远超平均水平。

在感性功能基础上,有关感性的经验逐渐积累,理性才有发育的可能。经验是环境信息在神经网络中留下的沉积。经验本身是神经网络突触的宏观表现。一些环境中的信息对生物而言具有生存意义上的重要性,可塑性的神经网络感知到这些信息就会通过物理结构的形式将它们保存下来。

由于注意系统的限制,所以能够影响生命决策的信息始终是有限的,理性出现的意义在于它能同步地整合更多信息。当经验的规模积累到一定程度后,理性也就诞生了。这是一种为了整合经验而存在的思维意识流的高级结构。

感性的智能水平决定了直观感受的范围和敏锐程度,而理性的智能水平则决定了在处理问题过程中能够综合的经验多寡,能够提升智能运行效率。

和其他系统结构一样,个体智能水平的增长也有它的临界限制。综合来看,智能体的感性和理性都以大脑和神经网络为载体。而大脑只是隶属生命系统的一个子系统,其代谢和供能都要由消化、呼吸、血液系统来完成。也正因如此,大脑的最终规模还是会受限于生命机体的内部运行规则以及获取食物的效率。

成年人大脑所消耗的能量平均占摄入能量的1/5,假如这个比例变得更大,那么消化系统便有可能负荷不了。也正因如此,脑力劳动者会频繁地感到饥饿。

假如大脑的占比变得更大,我们可能就会变得像食草动物那样,醒了就要吃,但是怎么吃也吃不饱。因此,单体智能的水平注定是有限的,限制它的是生命系统的负荷能力。

另一方面,生命会终止,也会带走属于它的智慧。为了跨越智能体之间的壁垒,知识体系应运而生。知识体系是智能体存储经验的方式。这种经验是间接的,要被别的智能体重新解读,转变为新的感性体验,才能具备实际意义和应用价值。

---

① 感受器受刺激兴奋时,通过感受器官中的向心神经元将神经冲动传到上位中枢,反应的刺激区域就叫作感受野。

知识体系的构建是无止境的，但是随着抽象层数的增加，人的理解偏差会越来越大。同样，越是具有预见性的推理和预言，准确性就越低。结合人类有限的生命和学习能力，知识体系的最大规模也存在极限。

不可否认的是，文明和知识仍在以一个很快的速度发展。但是作为个体的人类，想在有生之年掌握某一领域的全部知识已经变得非常困难了。此外，我们还面临的一个挑战是如何将不同领域的知识结合起来。

我们依赖的数学工具也有它的局限性，当数学脱离实践就会变成一种无用的知识，其中不包含客观环境中的任何真实信息，也不能指导人们认识世界、改造世界。如果一些数学理论过于脱离实际的感性体验，就很难应用到现实生活中。当然，任何一套理论都不可能做到完美，也不可能指导每个具体问题。

针对这点，马克思已经给出了答案。只有将认识和实践结合，才能更好地建设我们赖以生活的世界。实践是认识的来源，是认识发展的根本动力，是检验认识正确与否的唯一标准，也就是所谓的"实践出真知"。

5.10 人类智能框架

第 5 章的 5.1~5.9 节，我们已经从演化角度出发讨论了智能为何存在，又为何成长。本节则会结合心理学、计算机等领域的研究，从智能系统自身的性质出发，探讨它的整体结构、运行逻辑，让本书对于智能的描述更加丰满。

本节是一个比较大的章节，重点介绍了感性、理性和学习这些智能框架中的具体作用，整理了相关研究和观点，补全有关它们机制和性质的讨论。

智能存在的意义是帮助生命体更好地认识世界，改造世界。人的智能又可以分成感性和理性两个部分，它们相互配合，让智能系统在实践中学习和进步。

5.10.1 感知映射

在 5.5 节中，我们将感性能力拆分成感知映射集群、情绪偏好集群和认知效应集群三个板块。它们的作用和功能彼此区分，却始终是作为一个整体来运行的。

感知映射集群也就是哲学意义上狭义的直观，它是一种从环境中提取信息，帮助生命体形成对物体认识的智能功能。感知的种类一共有五种，即听、视、触、嗅、味觉。本小节重点讨论其中最重要的视觉和听觉。

1. 视觉智能

生物的视觉必须通过眼睛和大脑协作才能实现。从前到后大致可以分为光信号接收、图像映射、图像分析三个功能步骤。

其中，信号接收是第一步，在眼睛中完成。生物的眼球中普遍存在以视蓝紫质、视紫红质为代表的光敏蛋白,它们分布于视锥细胞①、视杆细胞②等感光细胞中。根据接受辐射的强弱,光敏蛋白的构型也会发生改变,之后会触发数个级别的信号放大机制,最终通过视神经纤维将信号传导至中枢神经系统。

感光蛋白的作用是交替的,构型变化后需要一定的时间才能恢复原样。因此需要极大数量的感光蛋白才能将眼球中弥散、随机的蛋白构型变化整合为连续的光感知信号。

与有限的认知资源配套,视觉信号层的感光体系也是梯度化的。最多的视觉细胞、视神经纤维被投入到注意力系统关注的事物上,而用于周围环境的感光资源则比较少。另外,负责色觉的视锥细胞拥有额外的神经纤维通路,分配的认知资源比视杆细胞更多。

如图 5-8 所示,经过视神经纤维的传导,视觉信号会进入中枢神经的映射层。在映射层中,左右眼接收到的信号分别被投射至一一对应交叉相邻的映射神经元细胞中。通过一种类似于神经元沙盘的模式对视觉信号做真实模拟。

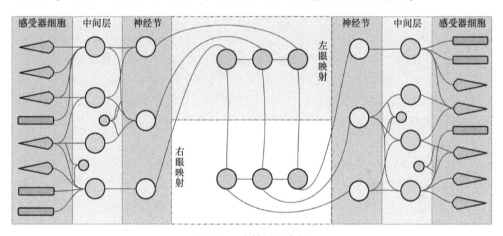

图 5-8　映射层示意图

信号刚进入映射层时只是一个混乱的波动,具体意义需要在大脑中解析。过程在数学上可以看作某种傅里叶变换③或者拉普拉斯变换④,将一个混沌的整体拆分成多个有规律的次级因素。

---

①　其外节为圆锥状,故名视锥细胞,内含视蓝紫质,对颜色的反应较敏感。
②　其外节呈细杆状,故名视杆细胞,内含有视紫红质,是感受弱光刺激的细胞,对光线的强弱反应非常敏感,对不同颜色光波反应不敏感。
③　傅里叶变换是将满足一定条件的某个函数表示成三角函数(正弦和/或余弦函数)或者它们的积分的线性组合。
④　拉普拉斯变换是将一个有参数实数 t 的函数转换为一个参数为复数 s 的函数。

在视力正常的人类大脑中，分析层中的神经元会以各式各样的功能柱①作为单位。这些功能柱有着特异的分析能力，专门捕捉某些敏感信号。捕捉信息的主要依据通常是色彩与运动特征，并以此为框架形成区分物体与物体的能力。

针对某个物体，还能对轮廓、形状、距离进行更深层次地分析，这种过程需要注意力系统的配合才能实现。注意力还会同步地驱动眼球的肌肉组织，实现对关注物体的持续追踪。

在视觉信号分析中，最值得讨论的当属三维视觉。人左右眼采集到的信号，会以关注的区域作为重合点，分别投射至映射层。而两眼位置略有差别，因此映射图像会出现错位。在距离一定的情况下，错位越严重，物体距离就越近，基于视差就能够形成立体视觉。天文中也有类似应用，例如以地球公转不同位置的距离作为视差，测量遥远天体②。

在工业领域，常见的三维机器视觉有视差法和模拟视差法③。其中，模拟视差法在智能体运动较快的时候比较有效。假定目标不动，只有摄像机移动，以一段时间内的移动距离作为模拟视差，开头和结尾分别拍摄图像进行对比，也能形成立体视觉。

还有通过激光雷达进行测距，具体的原理就是利用物理中测量光速的相关方法。根据激光反射到原点所需的时间推算与目标距离。用激光雷达扫描平面，即可形成一个开放空间的三维视觉[47]。三维视觉为智能体提供了对空间的认识，是直观的重要功能之一。

2. 听觉智能

听觉是人类另一个重要的知觉中枢。深层的听觉皮层还是理性思维的主要活动区域。听觉智能也可以分为对信号的捕捉、映射、分析三个阶段。

听觉中枢处理的原始信号来自听觉感受器解析过的环境振动。具体工作则在耳朵中实现，先由鼓膜④捕捉振动，经听小骨⑤传入耳蜗⑥，转变为神经信号，进入听皮层[48]。

与光信息类似，自然界中的振动信息同样是多且繁杂的。人们所关注的事物

---

① 功能柱是指相同功能的细胞在空间呈现柱状结构，视觉心理学研究发现，在视皮层内存在着许多视觉特征的功能柱，如颜色柱、眼优势柱和方位柱。

② 当地球绕太阳公转时，相对于较远的背景恒星，一颗邻近恒星的视位置会有所改变，而恒星在6个月期间的视位置改变，则视为它与太阳的距离。

③ 模拟视差法指 TOF 测距，属于双向测距技术，它主要利用信号在两个异步收发机之间往返的飞行时间来测量节点间的距离。

④ 椭圆形、淡灰色、半透明的薄膜，位于外耳道底，作为外耳与中耳的分界。

⑤ 小骨连接鼓膜，是人体中最小的骨头，左右耳各三块听骨，由锤骨、砧骨及镫骨组成。

⑥ 内耳骨迷路的一个组成部分，是传导并感受声波的结构。

被掩藏在大量无序的波动之下。听觉分析的主要规则包括声音的韵律①、音强、音色②等。

通过功能柱的分析，智能体可以用一个同步的声源阵列来区分多个物体。而在听觉中枢内部，不同的功能柱还会发生具有竞争性的注意力偏移。被注意的音源将主导后续的联想和思维。

听力主要在 0~3 岁的婴儿时期完成建构。人类归类声音的能力具有很大程度的共性。但是对不同声音的敏感程度却与生活环境和个人经历高度相关，并在日积月累的听觉应用中不断变化。例如，每个人都对自己的名字、亲近之人的声音格外敏感。这种现象可以用 5.5.2 节中的自动机模型来解释。每一次听觉的形成也会在神经网络中沉淀长期信息，使得经常使用的功能团更容易兴奋，进而在下一次注意力竞争中胜出。

在思维功能中，声音更是作为概念的载体，成为一种象征符号替代更多的信息。实现这一过程，首先要将不同的声音按照频率、音色归类成一个个具体标签，再将这些声音标签和其他具体记忆联系起来。这种作用形成的高级功能就是语言。

复杂的语言仅在人类社会中存在，它的基础是一个又一个具有不同意义的语素③。而语素则是思维过程的基本模块，每个语素都代表了一段具体的记忆信息，被独立地加工和储存。最基础的语素一般是用来表征直观和感性，它们直接结合情绪功能团并激发记忆。

"望梅止渴"就是一个很好的例子。梅子这个语素触发了饥渴的情绪，唾液腺随之活跃，就没有那么渴了。另外，"望梅止渴"之于我们，也是一个形象的、有画面感的故事。

以狒狒和鹦鹉为代表的、具有抽象能力的高智商动物也能使用语素，也能展开个体之间的信息沟通。但是动物无法在语素和语素之间形成有效的组织和关联，因此也无法形成更加庞大的语言系统。

根据神经科学的研究，人脑中有一块其他灵长类所不具有的区域来负责语法的相关工作，而语法则是对不同语素的组织和整理。基于语法的固定规则，语素和语素被组织成句子。语素之间开始形成直接或间接关系。当相关的概念积累到一定数量，需要被整体表达时，还会寻求一个新的、没有具体意义的语素作为媒介，也可以认为这些语素成为了抽象的概念。

---

① 音响的节奏规律。

② 音色指不同声音表现在波形方面总是有与众不同的特性，不同的物体由于其材料、结构不同，发出声音的音色也不同。

③ 语素，语言学术语，是指语言中最小的音义结合体，也就是说一个语言单位必须同时满足三个条件——"最小、有音、有义"才能被称作语素，尤其是"最小"和"有义"。

在语言中枢与视觉中枢结合的地方,还有一个特殊的附属板块,即用于文字认知的功能团。语言和文字中枢没有明显的界限分别,文字也可以当成是一种基于视觉的语言。

目前,人工智能领域也在语音识别中取得了相当的进展。

在人与人交流的过程中,每个人说话的音色都略有不同,并且说话的人离手机最近音强也较大。基于以上两种声音特征进行区分,机器系统就能对整体的声音信息做傅里叶变换,根据音色和频率来筛选信号,进而找到并追踪说话的人,将无关的音源信息剔除。最后根据说话的韵律、频率等因素,对不同的语素进行识别。

语音识别技术总体来说已经比较成熟了,主要的难点在于区分人类语言中的同声、同意词。例如大师和大使,大使和外交官,前者虽然发音相同但是意义不同,后者意义相似但是发音不同。

最初,模型的结构非常简单,就是一个语境①和语素的简单概率模型。同音词在确定的语境下,出现的概率有很大差别。就像骑马和齐码,骑马在生活中出现的概率很大,齐码则适用于服装行业。

将一段话中前后词汇放在一起展开整体分析,就可以根据频率概率模型剔除一些不太可能出现的答案,提升判断的准确性。这种频率概率模型就是声学模型,本质上是将人类使用语言的相关信息记录在计算机系统中。

声学模型的好坏直接决定了语言识别的效果。最早的建模,完全依赖于工程师和语言学大师的经验。随着深度学习技术的出现,一种被称为循环神经网络②的模型,开始被应用在语音识别领域中。它首先将不同的语素总结为独立单元作为神经网络的输入层,再根据时序依次将语素输入神经网络。

对某一个时序的声音进行分析时,前后时序声音也会被纳入考量。假如有(tai)(niu)(la)三个单元。在对(niu)进行理解的过程中,(tai)和(la)也会被纳入考量。三个单元综合计算概率,得到"太牛啦"的正确答案。

循环神经网络的具体训练过程和普通的前馈神经网络③是一样的。需要向其提供大量的音源和对应的文字,还要由人类 AI 训练师来作判断。根据梯度下降④的系统动力学方法,修改神经连接权数,实现人类语言信息在机械系统中的沉积。

过去,建立语素的关系模型还是要依赖语言学专家,由他们来设定一个大概的

---

① 语言环境是指在说话时,人所处的状况和状态。

② 循环神经网络是一类以序列数据为输入,在序列的演进方向进行递归且所有节点按链式连接的递归神经网络。

③ 前馈神经网络是指各神经元分层排列,每个神经元只与前一层的神经元相连,接收前一层的输出,并输出给下一层,各层间没有反馈。

④ 求解机器学习算法的模型参数即无约束优化问题时,梯度下降是最常采用的方法之一,另一种常用的方法是最小二乘法。在求解损失函数的最小值时,可以通过梯度下降法来一步步地迭代求解,得到最小化的损失函数和模型参数值。

框架。近年来,遗传算法①提供了一种能让拓扑结构自主迭代的方法,可以自动得出最佳网络结构。

发展到今天,人工智能的语音识别水平已经今非昔比,到达了接近人类的程度。这要归功于全序列卷积神经网络,可以在同等算力的情况下,扩大答复语音识别的感知范围。

循环神经网络能够结合前后词汇分析意思,但局限性也很明显。纳入概率计算的元素越多,隐层结构就越庞大,计算过程就越混乱。用式(5-3)来理解,即形成了一个很大的运算熵。一旦句子太长、输入的语素数量太多,循环神经网络就会陷入算力瓶颈。

全序列卷积神经网络正是解决这一问题的绝佳工具。它可以将整个句子拆分成若干大段,再对每个大段中的小段、词句进行深入理解。

这样做的好处是可以以比较小的算力,综合全局信息将一些无关的、次要的因素移出分析范围。类似于人类的抽象思维过程先形成一个整体判断,再通过数个层次反向延展至每个单元。这样一套下来,全序列卷积神经网络②就可以通过有限的算力实现整体的理解,对单纯的循环神经网络形成压倒性的优势。

经历了三段阶梯式的发展,当前的语音识别、翻译、朗读领域,是目前最成功、最具代表性的人工智能领域。社会各界展开了广泛讨论,在一定程度上也引发了人们对于人工智能替代人类的担忧。然而就后续的发展来看,语言虽然是智能中最重要的功能,但却不是智能的全部。人工智能掌握了语言,却不能拥有人类的意识和理性。

5.10.2 情绪偏好

情感和偏好是生物智能进行决策的依据。从性质上看,情绪与偏好也是一种直观体验,只不过这种直观是内在的,是人的切身感受,并非来源于对外界的观察。

人的情绪很复杂,通常是很多种不同感受和行为的集合。就好比一个快乐的人,不仅会感受到内心的愉悦,还会眉飞色舞。内心的愉悦是人的主观体验;眉飞色舞是情感产生的生理反应,还会同步地影响血管容积、心跳速度、呼吸频率等。

心理学里的情绪理论,倾向于将成熟人类的情绪分解成数个基础情绪的组合。这些基础情绪是生命自然成熟的结果,是通过进化得到的心理适应器,包括厌恶、愤怒、高兴、悲伤、害怕等,在婴儿时期就已经具备了。

---

① 遗传算法通过数学的方式,利用计算机仿真运算,将问题的求解过程转换成类似生物进化中的染色体基因的交叉、变异等过程。

② 一类包含卷积计算且具有深度结构的前馈神经网络,是深度学习的代表算法之一。卷积神经网络具有表征学习能力,能够按其阶层结构对输入信息进行平移不变分类,因此也被称为"平移不变人工神经网络"。

它们的存在价值是帮助动物识别对自己有利或有害的事物,进而采取不同的行为,情绪偏好集群是一个介于信息和行为之间的整体性评价系统,它在神经网络处理信息的过程中,潜移默化地发挥作用,其目的是决定下一刻采取什么样的行为。

在某种意义上,理性思维也是一种由特殊情绪触发的行为,这种情绪被称为认知失调①,会造成一种心慌的感觉。一般来说,只要问题得到解决,令人幸福的满足感就会油然而生,同时终止理性思维的展开[49]。

不同情绪概念对应的情绪区别有时并不大,比如欣喜、开心、狂喜,就很难界定它们的区别。心理学中有一套情绪维度论,它通过愉悦度、趋避度、唤醒度来重新定义不同的情绪概念。其中,愉悦度很好理解,即开心或不开心,它主要是基于神经网络内部一些影响快感的神经递质,如内啡肽②、多巴胺③等。趋避度主要形容我们注意力集中的程度,是否将意识转移到这件事上,是集中注意、解决问题,或不去在意、静待变化。唤醒度则可以分为紧张与放松,是针对身体器官的作用。中枢神经可以控制植物神经系统和激素系统,直接或间接地影响肢体和器官,例如紧张时,肌肉容易止不住地颤动。

总之,不同的情绪之间没有明确的边界,十分多变。即便是作为共通属性的愉悦度和注意力集中度,也很难通过数学形式量化。各个内分泌器官的组合运行方式更是多种多样。

想让情绪在人与人之间传达并不是一件容易的事。在情绪的表达和识别中,只有7%是靠言语传递的,另外38%靠语气和腔调来表达,55%依靠肢体语言来表达。

理解别人的情绪和监督自己的情绪并称为情感智能,即EQ。

我们常说,当局者迷,旁观者清。了解自己的情绪,有时甚至比理解他人更加困难。监督并控制情绪更是不容易做到,但好处也是显而易见的。如果能保持开心的状态和一颗平常心,就能提升人的工作、学习效率。相反,如果每天都郁郁寡欢,则细胞很容易陷入分裂异常,免疫系统的工作效率也会下降。

5.10.3 认知效应

认知效应是智能加工与处理信息时产生的一系列现象。

我们选取了最核心的三种认知效应,包括心理时间、记忆、意识,讨论他们的作用机制和形成原理。

---

① 从一个认知推断出另一个对立的认知时而产生的不舒适感、不愉快的情绪。
② 内啡肽是一种特殊的物质,它能够产生兴奋和欣快感。人的一切生理活动产生的欣快感都是由它的释放而获取。
③ 多巴胺是一种脑内分泌物,和人的情欲、感觉有关,它传递兴奋及开心的信息。

1. 心理时间

在康德《纯粹理性评判》有关感性的讨论中,时间和空间被列为最基础的两种感性能力。其中,空间感是由双目视差导致的映射差距,经大脑加工后得到的。直观时间的形成原理则更加复杂一些。心理意义上,时间基于环境时间产生,但不完全由环境时间决定,不能直接地对应某个具体的神经网络结构或状态。

1) 环境对心理时间的影响

直观的时间,由物理层次和心理层次的作用共同形成。它在本质上是由智能系统的内部运动导致,变化规律与环境中的其他运动一致。又因为智能系统具有封闭性,能量和信息不能完全地实现自由流动,所以环境时间和心理时间也并不是完全同步的。

客观时间的特性同样适用于心理时间。

一方面是同时性的相对性,相对速度的变化可以改变观察者相对时间的流逝速率,但是不能改变运动和演化的方式与结果。

另一方面,主体观察对象的过程本身也是一种事件。物理实验中的观察行为,必须通过一些跨系统的作用来完成,这也造成了量子力学中的测不准原理。因为观察行为本身对观察对象产生了影响,所以先前的运动对称性被打破了,新的维度引入了系统。

人类的神经系统也是物质系统的一种,是完全符合客观规律的。我们直观的时间体验由神经系统中客观规律主导。或者说,时间这个抽象概念是从神经网络中的演化和运动中提取出来的。

另外,依据香农[1]提出的信息熵原理。信息在从环境传入神经系统的过程中必定会发生损耗,因此神经系统不可能完美地接受并复现环境信息,对时间的感知也注定是不准确的。

心理时间的产生离不开环境时间,但是心理时间也并非完全受制于环境时间,它会同步地受到智能系统运行规律、规范效应的影响。套用柏拉图的说法,即心理时间是环境时间在大脑中的投影。

人类的智能系统,通过五官来感知外部世界动态。还是以视觉和听觉为例。视觉的感知对象是可见光[2]辐射,而辐射恰巧是物质对称化的三种方式之一,每束可见光都来自一个活跃的电磁系统。我们看到的每个画面,都是对另一个系统的演化和时间流逝的见证。视觉赋予了生命观察变化的功能,而听觉的作用则是捕捉环境中的重大事件。只有撞击、摩擦,这些物体之间直接接触产生的事件才能被

---

[1] 克劳德·艾尔伍德·香农,美国数学家、信息论的创始人。
[2] 可见光是电磁波谱中人眼可以感知的部分,可见光谱没有精确的范围;一般人的眼睛可以感知的电磁波的波长在 400~760nm。

耳朵听到。每次听觉感知的背后,也代表了一次正在发生或已经结束的系统兼并。

回到第2章,爱因斯坦和博格森对时间的讨论。直观是否能反映客观时间的同步性呢?从听觉的角度出发,延展到言语和思维,那显然是不行的。因为人类对事件的感知是线性的。而注意力系统的存在,决定了我们每个时刻只能关注并处理一件事,也就不存在严格意义上的同步。但是从视觉的角度出发延展到直觉和潜意识,这种同步性又客观存在,因为视觉的直观可以不依赖于意识,能形成一种同步的感知,在同一时刻反映不同系统的同步演化。

感官刺激来自环境中的信号,这些信号有着不同的源头,以不同的方式反映时间流逝。不同的载体性质有区别,也在客观上形成了心理时间与环境时间的同步性失真。最常见的例子就是雷电,我们通常是先看见一道明亮的电弧划过天际,随后才是雷声滚滚。虽然雷电和雷声都源自打雷这一件事,但是信息载体不同,时间的直观感受就不同步了。

好在,这些问题可以通过理性和现代科学来解决。只需通过一个简单的速度算式,就能很好地计算同一个事件是怎样通过两种不同的形式传递到我们身边的,也算是理性补充感性的典型案例。

2)心理时间的度规变换

除了同步性问题,直观时间还具有忽快忽慢的特质,有点类似于相对论时间的膨胀效益。有时候一天很快就过去了,有时候又"度日如年"。

心理时间的度规变换不完全是客观因素造成的。不同的人对于同一件事的感知存在差异。一些人会觉得上课很难受、越来越困、很想睡觉,而另一些人却很享受。心理时间度规也不能无视环境的客观变化,没有一个人能在针毡上泰然若之,安心休息。另外,意识、思维等心理活动也对心理时间度规有着很大的影响。当我们处于昏迷、深度睡眠等无意识状态时,时间的直观感受也完全不存在。

心理时间是神经网络运动的结果,这是一个高度复杂的动力学系统。结合神经冲动模型,即式(5-4),将大脑中的全部神经元状态设为集合 M_p

即

$$M_p = \{N_1, N_2, \cdots, N_b\} \tag{5-16}$$

其中,处于冲动状态的神经元设为总和冲动集 M_T,即

$$M_T = \{N_1, N_2, \cdots, N_c \mid N_c > K_c\}, \quad M_T \in M_P \tag{5-17}$$

式中:N_c 指神经冲动状态;K_c 指神经元的冲动阈值。

心理时间与客观时间的度规,很可能与单位客观时间内活跃的中枢神经元数量高度相关。如果是这样,那么单位时间的直观时间长度感受 t_m,就应与总和冲动集 M_T 中元素的数量正相关,即

$$t_m = f(|M_T|) \tag{5-18}$$

5.10 人类智能框架

$$\frac{\partial |M_T|}{\partial t_m} > 0$$

总和冲动集中的元素数量 $|M_T|$，是一个随时间不断变化的参量，由该时刻神经网络的运行状态决定。我们可以将任意时刻的活跃神经元数量 $|M_T|$，当作大脑的神经元总数量 $|M_p|$ 与整体运转率 η 的乘积。其中，环境刺激导致的神经运行，设为 η_0，环境处于变化中，所以 η_0 也是一个随时间变化的参量。

除此之外，智能系统还会对感知信号展开深度的加工处理，每个时刻，深层网络的状态也是不同的。我们将思维产生的运转效率设为 η_d，处于运转状态的神经元集合 $|A|$ 就是整体运转效率 $\eta_0 + \eta_d$ 和智能系统的整体规模 $|C|$ 的乘积。

即

$$\begin{cases} |M_T| = |M_p|(\eta_0 + \eta_d) \\ \eta_0 + \eta_d \leq 1 \end{cases} \tag{5-19}$$

在日常生活中，能影响心理时间度规的因素包括年龄、兴趣、环境等。其中，年龄带来的心理时间度规变化是许多人的切身体会。童年时代，五分钟的步行距离是一段十分漫长的路。而成人后，同样五分钟的步行距离就感觉很短。用大人的眼光看待小孩，会认为他们坐立难安，活泼好动。但若回忆起我们自己的青葱岁月，放学后拖堂的十分钟又是否还是你刻骨铭心的煎熬。虽然只有短短数年，青春在每个人的灵魂里还是留下了极为深刻的印记。反观毕业之后的时光，就像按下了快进键，仿佛一眨眼的功夫就快要退休了。

从解剖学的研究来看，成年人的脑细胞数量会比新生儿衰退一个数量级，老年时代又会比青年时代衰退一个数量级，这在客观上减少了神经网络中发生的事件总量。

看见红灯就停下脚步，是一个很典型的感知、决策、执行过程。完成这一行为所需的客观时间，主要取决于信号从眼神经传递至腿神经的物理距离，即神经信号的传递速度。根据伽利略运动定律 $t = L/v$，不同年龄段的人，做出这一反应的需要的时间都是差不多的，因为眼睛和腿之间的距离以及神经信号的速度可以当作两个常数。

由于大脑的体积固定，神经信号通过同样的路程所经历的神经元数量与大脑中的神经元密度成正比。老年人的神经元总量 $|C|$ 比年轻人少，形成了较高的决策效率。做同一件事，需要动用的神经元数量 $|A|$ 远比年轻人少，心理空间中发生的次生事件也比较少，时间也就更快。

此外，个体对一个外部事件的兴趣和重视程度，也会极大地改变他的直观时间体验。

专注于一些我们极度熟练的技能和行为，就会产生"快速心流"的现象，是一个对内收缩的心理时间度规，对应着神经网络中从感知到执行的快捷通道。跳过了中间的思考过程,省略了大量的思维事件。

受情绪与偏好的影响,不同的环境也能产生不一样的心理时间度规。在一个陌生且复杂的环境中,任何人都会感到紧张,心理时间度规也会对内拉伸。而自然界中的环境刺激,远比人造环境丰富。就好比一个人静静地看海,虽然什么也没有想,但还是觉得时间过得好慢,就好像停止了那般。在远离都市的山村度假时,我们的直观时间就会变慢。虽然要做的事情很少,但是有趣的事情很多,这也意味着有一个比较大的感知运转效率 η_0。

当然,心理时间的流动离不开物理时间的流动。假如有一天,人们以亚光速旅行,就能切身体会物理时间流速变化带来的影响。只不过这样的事情过于遥远,就不展开讨论了。

2. 意识

意识,是困扰古今学者的问题之一。科学、哲学等不同学术流派均展开过诠释意识的工作。

根据神经科学的研究,意识可能没有具体的神经元载体,而是对某种运动机制作用的概括和总结。在关于意识的直观体验中,最核心的是持续流逝的心理时间,随着时间轴的不断前进,注意力也在不断转移,在不同的信息源之间摇摆。

有关意识的现象,可以从神经系统的基本运行规律中找到原因。即强者越强的神经元同步振荡效应。人类神经网络比较宏观的功能单元是由一定数量的神经元组合形成的功能柱。一个被激活的神经元会降低同类神经元被激活的阈值,让整个功能单位随着时序前进被快速放大,同时还会抑制它的竞争对手,主导生物电信号的传播方向。

从系统论的角度来看,神经网络的运行机制导致活跃的神经元总是集中在一小片区域里。活跃的区域在不同的功能团之间摇摆,却能始终保持一定的凝聚力,而人类对神经元集团强弱变化的觉知,就被抽象成了意识的概念。

注意力对信息感兴趣的程度因人而异。一件事情是否值得我们注意,主要由情绪系统判断。不能引发情感系统共鸣的信息通常会被直接忽略,能引发警惕、愉悦情绪的信息会得到持续关注。

对意识的觉知还导致了"我"的概念。某种意义上,"我"就是一切与意识有关的事物。最狭义的"我"是意识的运动空间,也就是人的精神世界。广义一点,能被意识控制的事物也可以算作"我"的一部分。

一个事物与意识链接的紧密程度,决定了它和"我"的距离。例如我的手机。虽然是我的一部分,但显然是亲疏有别的。手机是外物,远远比不上肢体的重要性。

与意识相对的还有潜意识,是指那些虽然没有被注意但是能影响心理活动的作用和过程。它们"潜伏"在心灵深处,潜移默化地发挥作用。

在分析心理学中,意识就像是浮在海面上的一座冰山[50]。在隐秘的角落里,数十亿年的演化和智能体一辈子的经历共同决定了意识形态。

3. 记忆

广义的记忆,即信息在智能系统中的沉积。记忆是伴随系统运转的一种被动效应。沉积的记忆信息又会决定智能系统今后的运行规律。

根据信息来源的不同,记忆的类型也可以分为感觉记忆、工作记忆、工具性记忆、陈述性记忆四种类型,分别对应直观、意识、思维、心理时间四个不同的心理功能。

在人的神经网络中,存储信息机制有两个大类。

第一个大类是通过神经网络的运行状态暂存环境信息。

人脑的新皮层①占整个大脑的95%左右,一共分为六层,不同皮层从上到下,形成金字塔形的功能单元。第一层神经元的作用是整合功能单元内的其他神经元;第二、三层的作用是构建功能单元的内部结构;第四、五、六层的作用是负责功能单元的对外通信。

每个信号的表达和处理都需要大量神经元的配合。信号在不同功能单元之间传递的同时,还会在同一个功能单元内部产生信号振荡。多个神经元可以构成神经环路,暂时地保存信息。这种振荡大约会存续几毫秒至几十秒,主要取决于刺激的强弱和功能单元之间的压制情况。前者比较容易理解,强烈的刺激会引发更加剧烈的神经活动。神经元的信号强度与感受强度的关系呈S形曲线。

比信号强度更加重要的是神经网络对信号的敏感性。即使是在嘈杂的聚会中,我们也很容易发现熟人的声音。熟人的声音与我们的神经网络形成了很高的结合度,因此更容易被捕捉,其背后的原因是用于识别熟人声音的神经环路更庞大,所以神经网络针对这些信息的短时记忆时间也更长久。

根据短时记忆的信息源,短时记忆还可以分为感觉记忆和工作记忆两种。两者的发生机制类同,作用方式略有差别。

感觉记忆是一种针对直观感受的短时记忆。环境信息处于时刻的变化之中,绝大部分的感觉记忆也会伴随信息源变化而快速刷新。以视觉为例,信号刷新的最高频率大约是30次/s。如果信息源的变化频率快于30次/s,那就会有一些信息无法被捕捉。这也意味着视觉信息的存储下限大约是30ms。根据奈奎斯特采样定理,显示设备的刷新频率需要到60帧以上。另外,较强的环境刺激会形成视觉暂留,是感觉记忆保存比较长时间的结果。

工作记忆则与意识和注意过程有关,是神经元集聚效应产生的信息暂存。从

---

① 新皮层是脑中进化最晚、最后出现的脑结构。虽然进化晚,但是体积却越来越大,而且也承担着越来越重要的功能,大部分感觉信息最终也汇总到皮层的特定区域,而且还有很多高级认知相关的联合皮层。

人的感受出发，工作记忆和意识是密不可分的，主要包括被注意的图形、言语、动作等。

工作记忆与感觉记忆并非是完全割裂的，词汇符号能够在大脑中形成声音的感觉。它们的区别在于，感觉记忆由知觉系统的映射产生，工作记忆则是意识运动的残余效应。

注意力是一种稀缺资源，因此工作记忆的容量也比较少。根据卡凡诺夫的实验结果，人的工作记忆的平均承载上限大约是 8 个实体，实体的信息内涵越丰富，加工速度越快，工作记忆的时间也越长。

同样是针对声音，人们的工作记忆平均可以承载 7~8 个具有意义的数字，却只能容纳 3~4 个无意义的音节。负责重要和熟悉信号的功能单元对应的神经环路更庞大、更复杂，能够激活其他功能单元的可能性也更大。而陌生信号的内部循环回路则比较简单，不易留存，因此也更容易在注意力竞争中落败。

第二个大类是神经网络的长久性变化。

长时记忆就是后天掌握的经验。只要意识还存在，新的经验就会不断地形成。根据测量的结果，长时记忆的存续时间从一分钟到终身不等。

对于神经网络这样一个无比复杂的系统而言，结构一旦发生变化，再想变回原样几乎不可能。长时记忆的遗忘并不代表系统的状态倒回原点，而是被一个新的状态替代。随着智能系统运转，神经网络的结构也在不断改变，相同的输入引发的输出也会出现变化。

长时记忆根据产生原因，可以具体分为陈述性记忆和工具性记忆两种。

其中，陈述性记忆是传统意义上最狭义的记忆，被记录的信息会形成互不干扰的记忆单元，它的产生与海马体①高度相关。

经研究，一些因为事故失去了海马体的成年人，也失去了产生陈述性记忆的能力，但是不会失去已经形成的陈述性记忆，也不会影响其日常生活所需的心理功能。

陈述性记忆的形成，是意识工作长期性的结果。

我们读书的时候时常会说一句谚语——"好记性不如烂笔头"。只要集中注意力，就没有记不住的事情。在神经网络功能单元之间的注意力竞争中，赢得注意力的单元会被海马体周边的活跃神经组织记录下来，形成间接的关联。

与别的记忆相比，陈述性记忆的作用机制比较机械。比如字母表，从 A 背到 Z 很容易实现，但若要换个规则跳着背诵，就十分困难了。这可能是因为每个陈述记忆单元会独立记录一组信息。而在陈述性记忆单元之间还会形成具有时序性的排

---

① 海马体位于大脑丘脑和内侧颞叶之间，属于边缘系统的一部分，主要负责短时记忆的存储转换和定向等功能。

列,这样就可以记录事件信息的发生顺序。

与陈述性记忆一体两面的是工具性记忆。两者均由意识的活动引发,活动范围也大致相同。但相比之下,工具性记忆的范围更广,包括语言、几何、形象概念、抽象概念、情绪、强化物在内的一切习得的心理功能,在广义上都属于工具性记忆。

工具性记忆是高度结构化的,工具单元之间存在复杂且多元化的关联,而不是像陈述性记忆那样形成互不干扰的团块。

工具性记忆的结构,直接决定了神经网络信息流的运动方向,因此它的发展程度,也是衡量高等智慧最重要的指标之一。

5.10.4 理性与思维

思维是一根随时间不断前进、由意识活动堆叠而成的射线。一次思考的源头,通常是某个具有突发性的内部或外部的刺激,它会引发我们的认知失调,驱动我们寻找一个新的应对办法。根据信息类型的不同,思维也可以分成形象和抽象两个类别。

当意识在感觉映射层活动时,信息的来源就是客观世界在心理空间的投影形象,也称形象思维。每个形象的象征符号,都对应一类具有共同特征的客观事物。例如羊驼就是一种客观事物,一个初次见到羊驼①的人,可能会觉得它的身体类似骆驼,毛又很像羊毛。

形象思维是基于感性的演绎,更容易引发人的情绪变化。也正因如此,形象思维的判断速度通常比较快,经常是由环境刺激直接引发一种情绪,紧接着就会使人采取行动。比如一个人受到惊吓时会自然地发出惊叫,不需要过多地思考。

概念本身不具有意义,通过象征和抽象两种过程,客观事物与概念之间建立了联系,使概念成为了信息的代号。

抽象思维②是基于形象思维而形成的高级结构。

事物与概念、概念与概念之间的不断演绎,就是抽象思维。它对应的生物学载体是神经网络中介于感觉和情绪之间的庞大隐含结构。隐层的运动具有更多的可能性,运算熵也比较大,是不准确但高效的。

抽象思维必须建立在形象思维的基础上,是思维复杂化和结构化的高级过程。它的作用也是强大的,由于智能系统对环境信息的感知并不完全,同一个事物会在不同的时候展现出不同的特征。通过抽象思维进行总结和概括就很有必要,能够帮助我们透过现象看本质,基于变化的事物形成不变的理念。

理性思维依托于意识和注意力系统,但潜意识也会对决策产生影响。两者之

---

① 偶蹄目、骆驼科的动物,体重55~65kg,外形有点像绵羊,一般栖息于海拔4000m的高原。
② 区别于抽象,人类基于形象概念的思维也是抽象的。

间的关系不仅仅是并行演绎和量化叠加那么简单,还存在一些更加复杂的运行方式,比如具有创造性的灵感思维。

灵感思维和理性思维很不一样,不是根据按部就班的线性演绎得出结果的。它更像是一种直觉,当你在思考一个问题时,灵感就像被什么东西推进了脑子,然后就顿悟了。有一个经典故事,阿基米德在泡澡的时候,突然想到可以用体积的方法验证黄金制品的纯度,高呼"尤里卡①"。

当一个困扰已久的问题突然被解开时,灵感的涌现会给予人极大的满足感。这样的感受能帮人养成兴趣,许多著名的科学家仅凭借内驱力就贡献了伟大的成就。

借鉴控制论中的观点,灵感思维的本质是智能系统对一个陌生的认知对象实现了共轭控制②。通过推理未知事物与已知事物的相似性,可以理解一个原本无法理解的机制或作用。

在灵感思维的背后,是潜意识和神经网络的内隐过程与有意识过程交互作用的结果。意识在一个时刻只能干一件事情,人不具备一心二用的能力。我们的脑子里不可能同时蹦出两个词汇,左右手也不可能同时抄录两段不同的小说。

虽然意识具有排他性,但工作记忆可以同时容纳数个认知单元。在理性思维线性推进的同时,工作记忆中其他被激活的单元也在努力地维持自身的状态,想办法向外传递信息。这种机制对智能运行产生的影响即是内隐思维。

内隐思维的影响几乎无处不在,小到日常生活中的词汇选择,大到科学理论的原创性突破,但创新和发明却也从来不是空中楼阁,灵感的涌现要以大量的知识和经验作为基础。

之后还需要一些偶然性信息(例如"牛顿的苹果")来触发思维跃迁对知识结构做出框架性改变。最后还必须经过理性思维的严密推理并在生活中实践才能最终证明新框架的价值和可靠性。

5.10.5 学习

在过去的一百多年里,对学习过程进行解释和建模的心理学流派有很多。比较有影响力的包括行为主义、人本主义、认知学习论三个大类。

行为主义的代表性学者包括华生和巴甫洛夫等,比较经典的实验有巴甫洛夫的狗、小阿尔伯特③等。在行为主义学习理论中,完成学习意味着成功构筑了条件反射。而构成条件反射的关键在于形成心理强化物。强化物是一种与情绪紧密关

---

① "尤里卡"原是古希腊语,意思是:"好啊!有办法啦!"
② 共轭控制也称推理控制,是过程控制的一个重要方法。
③ 小阿尔伯特是一个婴儿,华生利用条件反射原理和一些平常的事物,引发小阿尔伯特的恐惧。

联的认知实体。

行为主义理论用一个行为的出现与消失来描述学习。最经典的是赫尔提出的需要消减理论，他将生命采取一个行为的概率总结为公式，即

$$E_R^S = [D*V*K*H_R^S - (I_R + I_R^S)] - O_R^S \tag{5-20}$$

这个式子表达的意思是，采取一个行为的可能性 E_R^S，与个体当前受到的相关刺激的强弱 D、过去采取这个行为的次数 V、该行为背后的动机 K、该动机的迫切程度 H_R^S 正相关。

同时，如果过去采取这个行动，但是没有取得良好效果 I_R，或者有其他的行为可以实现动机 O_R^S，或是有更加紧迫的事情 I_R^S，都会降低采取这个行动的可能性。在行为概率公式中：习惯指数 H 和拮抗指数 I，是两个最主要的学习指标，而 O 则代表了习得行为之间的竞争关系。

赫尔的习惯强度公式，即

$$H_R^S = 1 - 10^{-0.0305n} \tag{5-21}$$

式中：n 为该行为的成功满足需求次数。常数-0.0305 的取值有待考量，有人批评赫尔是拍脑袋定的常数。但公式的框架还是值得借鉴的，因为它比较好地形容了成功次数与习惯强度之间的关系与边际递减效益。

行为主义理论在应用中能够有效地纠正人类的行为习惯。呼吸道、皮肤系统会发生过敏，认知系统也会对一些不值得注意的信息产生过度关注，作出不必要应激。比较常见的应激反应包括战后综合征、恐惧症、成瘾症等。

神经网络是一个不可逆的复杂系统。利用需要消减理论中的三大拮抗要素可以有效地抑制一些不良行为习惯，也就是心理治疗中常见的系统脱敏法或者暴露治疗[①]。

行为主义的缺陷也比较明显，主要在于它忽视了人和人之间经验的区别，也忽视了人的主观意愿在学习中产生的重要作用。与之相对，认知学习论主要从认知结构的角度来解释学习，针对概念学习的场景解释能力更强，能够比较好地说明人和人之间学习效率的差别。

在认知学习论中，概念之间会形成网络相互依存，组成概念结构的金字塔。最底层是形象概念，然后逐级向上抽象。

学习具体分为类属学习、总括学习、并列学习三个大类。其中，类属学习是对已有概念结构的补充，已有的概念结构能够对新概念相互关联，起到固定作用；总括学习是对概念结构的框架性调整，每次总括学习都能使所有与之相关的概念得到效率优化；并列学习则是指掌握一种与已有结构无关的全新概念结构。

---

① 让病人暴露于自己恐怖的场景当中，这种治疗方法的目的是减轻在特定情况下患者所经历的痛苦，尤其是减轻患者自己身体上的反应以及情绪和感觉。

在三个大类中,类属学习的实现难度最低。总括学习的收获最大,能够实现融会贯通的效果。但由于神经网络内,不同的功能团存在竞争关系,某个功能团与其他功能团联结得越紧密,就越容易发挥作用、运转效率也更高。因此概念结构越单薄,学习越困难,应用难度也越大。但是,如果一个知识组块不够庞大也就很难找到与其他知识板块的结合点。因此学习的初期往往是最困难的,入门以后就会顺利许多。

除了机制和内容,学习方法也是心理学关注的重点。在现代社会中,主要的学习模式有两种,一种是被动接受的机械学习,另一种是主动发现形成的发现学习。机械学习即传统的灌输式学习,老师按照自己的思路,将概念结构传授给学生。灌输式学习的效果因人而异,也与老师的教学水平息息相关。老师需要一整套方法论来应对知识不对称的问题,必须结合学生当前的概念基础,才能有效地灌输新概念。行为主义的强化物也能发挥作用,帮助学生快速熟悉新领域。

与机械学习相对的是发现学习,指的是一个人自发地对某些事物产生了兴趣,主动建立一套概念网络。

发现学习与情绪偏好功能的结合更加紧密,内驱力较强、神经网络兴奋度较高,学习效率会比较高,同时避免了教师与学生知识结构不对称的问题。

然而,想让一个人对陌生的知识产生兴趣却是一件更难的事。适当的灌输学习也可以成为打开发现学习的钥匙。

比较有代表性的学者包括马洛斯,从不同的动机和情绪出发,探讨学习的效率和结果。最理想的状态是快乐教育,如果一个人能不断通过学习获得成就感、完成自我实现,那么他很有可能走上终身学习的良性轨道。

针对习惯养成和形象概念的学习,行为主义无疑最具有实际意义,在抽象概念的层次,认知学习论的解释力更强,提供的学习方法也比较有借鉴意义。知识结构扩充到一定程度就需要被进一步整合,才能建构形而上的知识"金字塔"。个体的学习意愿和精神也开始发挥决定性的作用。

人类的心理适应器,很多还停留在几万年前的狩猎采集时代。随着社会的发展,物质生活和娱乐活动的日益丰富,越来越多的超常刺激开始进入人们的生活。

5.10.6　关于智力

智力是智能系统在执行任务的过程中展现出的工具性。智力强的个体,能够解决更加困难的问题,学习速度也更快。

人的智力非常多元化,不同的功能之间既有合作,也有分化。

美国心理学家加德纳总结了七个相对独立的功能群,包括言语、逻辑、空间智力、音乐智力、身体运动智力、人际智力、内省智力。不同的功能关联的情绪、感觉器官有所不同。例如空间智力依赖视觉,语言依赖听觉,在理解音乐和人际关系用到的情绪类别就不太一样。

人和人在七大功能板块中，均存在晶体智力与流体智力的差异。然而几乎所有类型智力测试都存在正相关性，许多心理学家由此推测存在一种一般性的心理能力，称 G 因素。

G 因素可能是由神经系统的功能好坏决定的，包括对信息的分析能力和信息沉积的效果。G 因素比流体智力更本质，流体智力同样受到晶体智力的影响，G 因素作为两者的关系常数存在。

与其他动物相比，人类的空间智力不如老鹰，身体运动不如老虎，但综合能力是动物中最强的。这主要是因为，人拥有高度发展的抽象思维能力，还能通过言语展开相互交流获取间接经验。这两种智力在人的身上实现了相互成就[51]。

在现代工业社会中，抽象思维能力的重要性越来越高。为了测量这种能力，法国心理学家比奈就设计了一套测验，用来鉴定不适合学习标准课程的弱智儿童。比奈测试假定智商是随年龄逐渐增长的，测试的主要内容包括形象概念的掌握情况，如常识、理解、类同；以及抽象概念的运用，如算术、符号替换、形态配置等；也包括了一般的心理能力，如记忆力。

测试范围主要是言语和推理两大功能群，衡量公式为

$$IQ = \frac{MA}{CA} 100\% \tag{5-22}$$

式中：IQ 为智商；MA 为智龄；CA 为实际年龄。智龄等于该年龄的儿童在测试中得到的平均分。

后来，美国斯坦福大学的魏斯勒制定了斯坦福-比奈测试，用于优化成人的智商测定。它假定某一年龄段的人，智力分布为正态分布。以该年龄组的平均智商为参照点，以标准差的 15 倍为单位，求得个体在智力测验中的分数，衡量公式为

$$IQ = 100 + 15(X - M)/S \tag{5-23}$$

斯坦福-比奈测试也称离差智商，衡量的是测试人与平均水平的差距。在该测试结果中，智商 115 就意味着测试人的智力比平均智力水平高一个标准差。约 80% 的智商测试结果被收敛在 80~120 的区间里。能够比平均水平高出 3 个标准差，即智商 145 的人，不超过 1%。

根据美国心理学家特尔门、西尔斯等针对 1528 名高智商儿童展开的终身调查发现，智商对终身成就的贡献有着明显的效用临界。

根据发展心理学的研究，大约只有一半的成年人能够拥有抽象的逻辑思维。逻辑思维还可以细分为初步逻辑思维、经验型逻辑思维、理论型逻辑思维三个类型。

初步逻辑思维是一种离散且线性的抽象思维方式，即在抽象概念之间构筑点对点的关系。拥有初步逻辑思维的人，可以通过自主思考建立简单的抽象线性关

系,却也容易变成我们常说的"二极管思维"①。

经验型逻辑思维是指网络化抽象概念结构形成的思维。完成了某个领域相关概念网格化建构,即能拥有较高解决问题的能力。这些人能够自主构建一套全新的经验型逻辑思维框架,其智力比平均水平至少高出一个标准差。他们能够不断地从现实生活中总结出新的抽象经验,拥有高级别的创新能力。突破了非黑即白的世界观,不再用线性演绎的方式思考问题。

理论型逻辑思维,则是创造一套方法论来协调各个有价值的抽象组块。用总结概括的方法对抽象概念组块进行更高层次的抽象,进而完成抽象结构的再结构化。理论型逻辑思维可以搭建符号的巨复杂系统,通过多个维度、多个层次的努力解决问题。例如在孙子兵法中,要想战胜敌人,就必须从战略、战术、指挥、地理等多个维度进行考虑,仅战略一项又可以分为政治、经济、谋略等项目,绝不是冲上去把敌人打败那么简单。

智力发展与社会交流有关,可以从其他人那学习到。但是高水平智力的建构,必须经历个人不断地假设和验证。只有通过不懈地探索和实践,才能建立一套切合实际的方法论。

5.11 人工智能的现状与展望

自19世纪以来,数理逻辑、控制论、信息论、心理学、计算机等学科的进展为人工智能的诞生奠定了基础。

人工智能的目的是让机械系统的反应方式向人类靠拢。目前,实现这一目标的途径是唯一的,那就是在机械系统中沉积人类智能的运行信息。

5.11.1 人工神经网络

自21世纪起,多层前馈神经网络得以在机械结构中复现,实现了类似于人类神经系统的功能。结合了深度学习算法后,人工智能系统可以发生自组织,形成类抽象思维,并在一些具体的应用场景获得了超过人类的能力。

实现人工智能所需的机械结构和机器学习算法都广泛地借鉴了人类的学习模式。比较成功的包括从行为主义理论发展而来的强化学习,这种学习方法不需要工程师提供数据样本,只需设定一个学习目标就可能让人工智能在变化的环境中自主学习。

强化学习是一个根据环境因素采取行动并获取回报的模型。它包括了智能系统和执行机器两个部分。其中,智能系统部分是一个可以自主学习机器神经网络

---

① 二级管思维的逻辑关系单一,非此即彼,非黑即白。

和一个工程师设定好的回报系统。回报系统围绕工程师的训练目的配套了相应的激励和惩罚措施。在执行过程中,智能体会根据环境信息选择策略并执行。在获得了环境的反馈后有针对性地修改策略,并在回报系统的指导下追求长期奖励的最大化。

强化学习的过程与生命智能条件反射的学习过程非常类似。

在实际应用中,影响学习效率的主要因素是每次强化学习造成的算法数值变动。模型需要不断试错,通过负反馈控制来不断缩小和学习目标的距离。如果一个问题中出现了多个强化物或者其他参量,那就需要引入正则化①相关办法,避免算法陷入局部极值。

和人的智能做类比,强化学习就是以形象概念为中介,将直观感知、情绪、行为联系起来。由于建构办法单一,强化学习能实现的功能也比较有限。

拓展强化学习能力的方向有两个。第一种强化感知端,和人一样,机器系统对环境信息的感知也不完全,同样可能出现正误。引入类似于声学模型的概率系统,就可以度量、约束极端信号造成的影响。具体来说,可以在感知端加入信息网络,进而更好实现正则化。第二种是拓展神经网络结构,引入深层神经网络。强化学习模型一般只需要三个步骤,以超限学习机②为代表的浅层神经网络硬件就能很好地完成工作。虽然具备很强的感知能力,但是不具备复杂决策能力。

将强化学习与深度学习结合可以解决以上问题。首先将强化学习中的某一个行为拆分成包含多个步骤的组合策略,即 Q 学习③。然后将其与卷积、递归神经网络结合,形成强化递归神经网络和强化卷积神经网络。与强化学习配合的深度学习,在单隐层神经网络的基础上,增加了与输入和输出不直接关联的深层隐含层。

多层前馈神经网络隐层的拓扑结构一般要由工程师预先设定好,也可以通用遗传算法等方式做迭代。遗传算法可以在数十组不同的拓扑结构中,寻找出表现最好的,将有价值的特征保留,不断优化拓扑结构。

目前用于深度学习的主流算法是反传算法。它应用了混沌学中"最速下降"的数学方法,这种算法需要 AI 训练师为机器系统提供输入信息和预期结果的样本,然后通过计算值和预期值之间的误差,得到一个梯度的权数改变量。深度学习网络一般有三层以上的结构,每层都能按期望值修正误差,不断向上级层次寻求误差的来源并修正。通过一个样本库的多次训练就能得到一个符合预期的模型。

---

① 正则化就是在最小化经验误差函数上加约束,也可以解释为机器先验知识。约束有引导作用,在优化误差函数的时候倾向于选择满足约束的梯度减少的方向,使最终的解倾向于符合先验知识。

② 传统的超限学习机具有单隐含层,在与其他浅层学习系统(例如单层感知机和支持向量机)相比较时,被认为在学习速率和泛化能力方面可能具有优势。

③ Q 学习基于 Q 函数,即互补误差函数,形成一种与模型无关的路径学习算法。

反传算法的主要技术问题在于平衡单次训练对神经网络的影响。如果一个样本库很大,那么最后一次训练的影响可能比前一半训练加起来还要大。即便把单次训练的权重降低,在算法训练到一定程度后仍然会陷入边际效用递减的问题,很难继续进步。同时,为了防止某一次训练对神经网络产生比较大的影响,样本必须严格挑选,特征要人工归类并给定期望的结果。和强化学习一样,深度学习同样面临正则化难题,如果正则化做得不好则很容易发生过拟合①现象。这会导致人工智能对样本的判断非常准确,但放到实际运用中表现却不太理想。

另外,深度学习消耗的算力,与神经元的数量呈指数正相关。在运算熵的限制下,按照当前机器系统的算力尚不足以建设一个能够解决巨复杂问题的多层前馈网络。

在优化学习效率方面,常用的解决办法是把深度网络模型拆分成多个独立学习的子模块。关键的问题是如何在多层子结构之间做关系的堆叠,可能的方法包括深度信念网络②和卷积神经网络。

其中,卷积神经网络更为成熟且贴近人类智能,是这一领域最先成熟并投入应用的算法。它在机器视觉、语音听力处理等方面实现了非常好的效果。

卷积神经网络的运行机制,类似于人类对概念的多层抽象与归类。最前端的神经网络会被感知到的具体信息转换为标签,这些标签还能被再次提取,卷积成更加抽象的标签。之后对所有的标签展开一次整体分析,可以形成一个高度抽象的结论,再将高度抽象的结论转化为具体行动步骤。

具体来看,每次卷积过程中都会设置一个卷积层和一个采样层。每一次卷积都由数个卷积子模块构成,分别分析上一层输出的相关信息对每个可能的结果做具体运算,再由采样层提取相对应的卷积层结果,并输出到下一个步骤。

最后的全局分析则采用全连接的方法,将不同采样层中的数据提取到同一个神经网络模块中,形成总结和归纳的功能。卷积神经网络的结构类似于一支两端削尖的铅笔,共享同一个感知输入层和总结层,中间的隐含层是抽象的信息标签,独立进行递归和演绎。

在对卷积神经网络进行训练时,会将各个子模块拆分,单独使用反传算法等手段优化参数。一方面可以节约计算力,另一方面可以同步训练多个模块节省时间。子模块的训练完成后,模组之间权重再通过一样的方法进行协调和优化。

加入了卷积神经网络后,人工智能的应用场景变得更大,在翻译、播音、人脸识别等领域均取得了不俗的成绩。

---

① 过拟合是指为了得到一致假设而使假设变得过度严格。
② 深度信念网络也称贝叶斯网络,是目前不确定知识表达和推理领域最有效的理论模型之一。

5.11.2 人工神经网络的发展瓶颈

随着几十年积累的理论逐个落地,近年来(2016—2022年)人工智能的发展速度开始放缓,出现了一些短期内很难突破的瓶颈。人们对人工智能的态度逐渐从狂热回归理性。

人工智能面临的问题主要包括缺乏自我驱动、没有设立目标的能力、针对突发事件的应变能力不足、难以适应复杂多变的环境等。以人类为代表的生物智能,拥有极其复杂的情绪和欲望。这些欲望驱动着我们的行为,使我们不断地认识世界、改造世界。

将人类的情绪信息留存在机器系统中,也能让人工智能拥有一定的内驱力。但是如此复杂的情绪,显然不是几个心理学和算法专家通过数学表达式就能简单描述的。

一个健全的、能够自主生活的智能体,需要的是一套全面涵盖生活各方面的情绪与偏好系统,其复杂程度远远超过强化学习中寥寥数个强化物的水平。

另外,生物拥有同步①和异步②结合的信息处理机制。原因是生物神经网络中存在一个静态和动态相结合的注意力系统,让宏观的智能活动同步,也同时允许微观的异步活动。也正是因为存在这种时不时开"后门"的信息竞争机制,人们才能及时掌握突发情况,改变行为策略。

要在人工神经网络中实现这一功能,就必须引入两项重大变化。第一项是将同步计算的架构全面修改为异步架构;第二项则是建立一套模仿同步振荡机制的算法,也称自适共振算法③,运用这种算法的神经网络能根据反馈的情况,在几个固定的选项中选择最好的解决方案。

自适共振系统分为注意子系统和调整子系统。首先在数个解决方案中,寻找一个最符合要求的。然后注意子系统就集中在这个解决方案上,优化神经元之间的权系数,让算法表现得更好。一旦环境变换,被选中的方案不能再解决问题时,调整子系统就发生作用,从其他方案里面选一个最能解决问题的上来。

当前的自适应共振算法仍不够底层,必须是直接作用于人工神经元的自适共振系统才能实现类似于人脑中同步振荡的机制[52]。

还有一点是人工智能的整体设计如何将不同的功能整合为一个整体。尽管人工智能在运动、规划、听视觉领域都取得了比较好的成绩,但是每种算法都只能模

---

① 所有参与计算的节点都需要等待共识结果,开展同步计算。
② 存在独立计算节点,在没有得到上一个计算结果的前提下即开始下一个计算进程。
③ 自适应共振理论(adaptive resonance theory,ART)是美国波士顿大学的教授在 1976 年提出的,ART 是一种自组织神经网络结构,是无教师的学习网络。当在神经网络和环境有交互作用时,对环境信息的编码会自发地在神经网中产生,则认为神经网络在进行自组织活动。

拟人类能力中的一小部分。类似于图灵架构的整体设计仍然没有出现,若要将不同的能力组合成统一整体,就会遇到多系统之间的协同与调度问题,不仅仅是简单地叠加那么简单。

当前的人工神经网络尚且缺乏一种成熟可靠的机制,用于协调同层级且并行处理的功能板块。针对特定功能训练的人工神经网络,必须在一套规则的统一指挥下协同、竞争,才能形成更大的整体规模。这种系统建设的实现难度极高,很难通过工程师预先的框架设计来实现。

应对办法是将一个成熟可靠的心智模型①算法化。

心智模型是对心理活动的系统化解释,要将不同的感知、意识、学习、经验等板块统一在同一个框架内。图灵机②模型也是一种心智模型,该体系通过存储、控制、计算等功能,复现了人的理性思维能力,实现了较快的运算速度。然而图灵机的框架比起人类的智能框架仍然有很大的差距,主要体现在两个方面。

一方面是人脑能将数十年积累经验,运用到一个具体案例中。而图灵架构则缺乏一套能从海量经验中迅速甄别出与当下任务相关经验的框架。与之相对,近年来大语言模型取得了不俗的成绩。大语言模型的底层原理和语音识别用到的声学模型非常类似,并在与人互动的过程中不断地学习和模仿人类语言,从而完成了人工神经网络对人类语言系统的映射。

另一方面则是图灵架构仅仅侧重于模仿人类的理性思维,缺乏智能运行的普遍结构,也缺乏子系统的协同与控制。人工神经网络也是如此,不具备专门的感官映射功能,因此也不可能在智能系统内部形成与客观世界匹配的直观感受。

生物的智能拥有完善的感性能力,而有关感性的算法仍在探索阶段。下一代人工智能体系必须充分建设机器知觉、记忆等各级子系统,并打破这些系统之间的壁垒。这无疑是困难的,思维线性且有限,但环境中的信息却近乎无穷。我们不可能把所有的事情搞明白然后复现。

要想打破现在的窘境,第一步是尽可能地模仿生物智能。

我们需要能够实现双向反馈的机器神经网络,实装同步振荡机制。设计一种基于神经网络的陈述性记忆器,并补充知觉的映射层。最后人类需求为机器打造一套目的系统,就能让机器系统更加贴近人类智能的规律方法自主运行了。

在更远的未来,我们需要回到演化机制本身,让机器系统在实践中自主发育。

智能是演化的产物。人非生而知之,知觉、理性要在生活的锤炼下成长。目标越大、困难越大,进步就越强,机器系统也是如此。

---

① 心智模型是简化的知识结构和认识表征,人们常用它来理解周围世界以及与周围世界进行互动。

② 图灵机又称图灵计算机,指一个抽象的机器,是英国数学家艾伦·图灵于1936年提出的一种抽象的计算模型,即将人们使用纸笔进行数学运算的过程进行抽象,由一个虚拟的机器替代人类进行数学运算。

5.11.3 通向强人工智能之路

当前人工智能领域的发展路径主要还是模拟人类的理性思维。它的本质是将人类基于概念的演绎转变为机器系统基于物理符号的演绎。

形象概念是从直观和感性中总结而来的,而抽象概念则是基于概念的网络结构。用于提炼概念的思维是线性的,因此可被建构的概念数量有限,关联关系也清晰明了,在机械体系中复现的难度不大,大语言模型的出现很好地证明了这一点。

但是感性中的很多信息就很难通过公式体系来定义了。在智能的演化历程中,建构感性的信息很大一部分来自环境,即式(4-17)环境中的信息,以多元并行的方式沉积在智能系统中,可以无限细粒化,因此很难通过理性思维来量化。

况且人类的演化历史与个人的生命比起来太过漫长了,许多感性功能几乎无法追溯它从何而来,曾经又是在什么样的情况下完成了演化。想要完美复现人类的感性几乎没有可能。见效最快的方法是退而求其次,用人工神经网络保存并模拟一部分,机器视觉、听觉识别领域已经开了一个好头。

用人工神经网络去映射人类的心理功能可以实现比较好的效果,却永远无法媲美或超过人类。这是因为仿真系统的准确度永远不可能达到百分之百,机器知觉与人类相比也永远会有一定差距,这不是增加特征数量就能解决的问题。因为运算熵的限制始终存在,而增加模型的规模只会消耗更多的算力,却很提升模型的准确度。

要想彻底突破这一瓶颈,就要把机器系统学习的对象从人类转变为自然。工程上的途径可以是设计一套与生物相似的信息沉积系统。让机械感性以机器系统的用途为导向,在实践中逐渐完善,代价则是时间长河中的无数次成功与失败。

任何一个物质系统在它演化历程的起点和终点都是非常简单的,只需寥寥数组条件关系就能达到。人工智能也是如此,我们只需为它找到一个充分可塑的载体,然后静静等待时间的鬼斧神工将它塑造成型。

参 考 文 献

[1] 王红旗．语言学概论[M]．北京:北京大学出版社,2008:28.

[2] 康德．纯粹理性批判[M]．蓝公武,译．北京:商务印书馆,2019:31,71.

[3] 吉梅纳·卡纳莱斯．爱因斯坦与伯格森之辩:改变我们时间观念的跨学科交锋[M]．孙增霖,译．桂林:漓江出版社,2019:5-8.

[4] 阿尔伯特·爱因斯坦．狭义与广义相对论浅说[M]．杨润殷,译．北京:北京大学出版社,2006:3-160.

[5] Л.Д.朗道,E.M.栗弗席兹．量子力学:非相对论理论[M]．6 版．严肃,译．北京:高等教育出版社,2008:1-50.

[6] 吴金闪．二态系统的量子力学[M]．北京:科学出版社,2017.

[7] RICHARD P F. Symmetry in Physical Law[OL]. https://www.feynmanlectures.caltech.edu/fml.html#4.

[8] 杨建邺．杨振宁传[M]．北京:商务印书馆,2021:141-241.

[9] 肖恩·卡罗尔．从永恒到此刻[M]．舍其,译．长沙:湖南科学技术出版社,2021:295-334,457-492.

[10] EDWARD H. Cosmology: The science of the universe[M]. London: Cambridge University Press, 2011:413-473.

[11] 戴维·希尔伯特．希尔伯特几何基础[M]．江泽涵,朱鼎勋,译．北京:北京大学出版社,2009:130-135.

[12] 约瑟夫·傅里叶．热的解析原理[M]．桂质亮,译．北京:北京大学出版社,2008:3-8.

[13] 大栗博司．超弦理论:探究时间、空间及宇宙的本原[M]．逸宁,译．北京:人民邮电出版社,2015:203.

[14] 史蒂芬·H．斯托加茨．非线性动力学与混沌:翻译版·原书第2版[M]．孙梅,汪小帆,等译．北京:机械工业出版社,2016:207-214,285-291.

[15] 普利戈金．从存在到演化[M]．曾庆宏,严士健,马本堃,等译．北京:北京大学出版社,2007.

[16] 郝柏林．从抛物线谈起-混沌动力学引论[M]．2 版．北京:北京大学出版社,2013.

[17] 桑博德．突变理论入门[M]．凌复华,译．上海:上海科学技术文献出版社,1989:1-18.

[18] 亚当·哈特·戴维斯．薛定谔的猫:改变物理学的50个实验[M]．阳曦,译．

北京:北京联合出版公司,2017:143-145.
[19] 顾樵. 数学物理方法[M]. 北京:科学出版社,2012:224-265.
[20] 王梓坤,杨向群. 生灭过程与马尔科夫链[M]. 北京:北京师范大学出版社,2018:1-211.
[21] 布林,斯塔克. 动力系统引论[M]. 金成桴,译. 北京:高等教育出版社,2013:23-28.
[22] 沈小峰,胡岗,姜璐. 耗散结构论[M]. 上海:上海人民出版社,1987.
[23] H. Haken. Synergetics[M]. Berlin:Springer-Verlag. 1983.
[24] 伍荣生. 现代天气学原理[M]. 北京:高等教育出版社,1999.
[25] 金观涛,华国凡. 控制论与科学方法论[M]. 北京:新星出版社,1983:20-33.
[26] 段小君,林益,赵成利. 系统科学教程[M]. 北京:科学出版社,2019:1-20.
[27] 傅洵,许泳吉,解从霞. 基础化学教程[M]. 北京:科学出版社,2007:1-37.
[28] 王金发. 细胞生物学[M]. 北京:科学出版社,2003:591-610.
[29] 王镜岩,朱圣庚,徐长法. 生物化学[M]. 北京:高等教育出版社,2002:319-384.
[30] 戴灼华,王亚馥,粟翼玟. 遗传学[M]. 北京:高等教育出版社,2008:1-69,232-247.
[31] 富特米勒. 古生物学原理[M]. 北京:科学出版社,2013:28-53,156-255.
[32] 杨持. 生态学[M]. 北京:高等教育出版社,2013:1-205.
[33] 李春喜,姜丽娜,邵云,等. 生物统计学[M]. 北京:科学出版社,2014:160-164.
[34] 达尔文. 物种起源[M]. 李虎,译. 北京:清华大学出版社,2012:48-132.
[35] 乔恩·埃里克森. 地球上消失的生命:生命历史上的大灭绝[M]. 孟凡巍,方艳,译. 北京:科学出版社,2021:46-147.
[36] Л.Д.朗道,E.M.栗弗席兹. 理论物理教程,第二卷:场论[M]. 鲁欣,任郎,袁炳南,译. 北京:高等教育出版社,2012:1-9,49-50.
[37] 赵敦华. 马克思哲学要义[M]. 南京:江苏人民出版社,2018.:227-233.
[38] 安东尼奥·达马西奥. 笛卡尔的错误[M]. 殷云露,译. 北京:北京联合出版公司,2018:11-125.
[39] 伯格. 人格心理学[M]. 陈慧昌,译. 北京:中国轻工业出版社:106-110.
[40] 寿天德. 神经生物学[M]. 北京:高等教育出版社,2013:126-141.
[41] 戴维·巴斯. 进化心理学:心理学的新科学[M]. 张勇,蒋柯,译. 北京:商务印书馆,2019:1-107.
[42] 尤瓦尔·赫拉利. 人类简史:从动物到上帝[M]. 林俊宏,译. 北京:中信出

版集团,2017:1-60.

[43] 马丁·海德格尔．存在与时间读本[M]．陈嘉映,译．桂林:广西师范大学出版社,2019:3-30;123-137.

[44] 戈尔茨坦．认知心理学[M]．张明,等译．北京:中国轻工业出版社,2015:153-182,392-400.

[45] 谢弗,等．发展心理学:儿童与青少年[M]．邹泓,等译．北京:中国轻工业出版社,2016:92-157,205-231.

[46] 司马贺．人类活动中的理性[M]．胡怀国,冯科译．桂林:广西师范大学,2016:1-9;43-85.

[47] 普林斯．计算机视觉:模型、学习和推理[M]．苗启广,等译．北京:机械工业出版社,2015:228-295.

[48] 葛詹尼加,等．认知神经科学:关于心智的生物学[M]．周晓林,高定国,等译.北京:中国轻工业出版社,2011:142-146;152-160.

[49] 戴维·迈尔斯．社会心理学[M]．侯玉波,乐国安,张智勇,等译．北京:人民邮电出版社,2016:135-139.

[50] 荣格．心理类型[M]．魏宪明,译．北京:民主与建设出版社,2016:455-536.

[51] 朱钦士．生命通史[M]．北京:北京大学出版社,2020:337-468.

[52] 史忠植．智能科学[M]．北京:清华大学出版社,2019:53-468.

后　　记

两千多年前，韩非子提出了"智不尽物"的想法。

凭借人的智慧，要想完全掌控自然几乎不可能。我们的躯干、工具，其能力都非常有限，与客观事物交叉关联的要素却近乎无穷。

在牛顿力学和科学体系取得空前成功的时代，理论和研究总是从宏观出发，以满足实际的需求为最终目的。可惜发展到今天，这套方法能够解决的，有实用价值的命题已经所剩无几。后来我们发明了重整化、平均场，在原理上否认了涨落的意义。

旧的方法已经遇到了瓶颈，可是生活还没有尽善尽美，亟待解决的问题还有很多。出路只有一条，那就是建立一套全新的方法论。

重新认识自己；重新认识世界；重新思考时间的意义；重新理解宏观与微观的关系。我们必须让研究回到人类与生活本身，必须抛开那些臃肿到累赘的形而上的东西，让事物发展的规律在实践中得到认识、得到应用。

未来，我们要做的是将一个又一个孤立的极限问题，通过某种方法重新组合成连续的变化。这一工作的主要研究工具，将会是耗散、临界、相变、对称破缺。

几个世纪以来，无数科学家都曾为万物理论魂牵梦绕。一套理论要想描述所有的物质存在，那它就不能拘泥于任何具体的事物。这是因为所有的物质存在都有它的独特之处，要将这些独特之处充分说明，那么这个模型本身就会变得和宇宙一样复杂。

我们没有这样的能力，也没有这样做的必要。通过总结物质存在形成和延续的原因，我们也能系统性地解释万事万物的存在与演化。

冥冥之中，我们始终相信宇宙具有某种终极规则。

在前半程，它使宇宙从单调走向精彩。

驭天时，由简入繁，迟日江山丽。

敬请见证！

曾晓先

2022 年 8 月

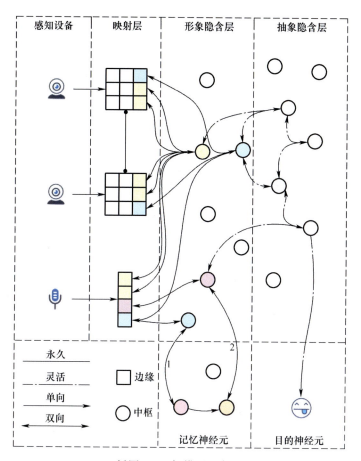

插图1 心智模型示意图

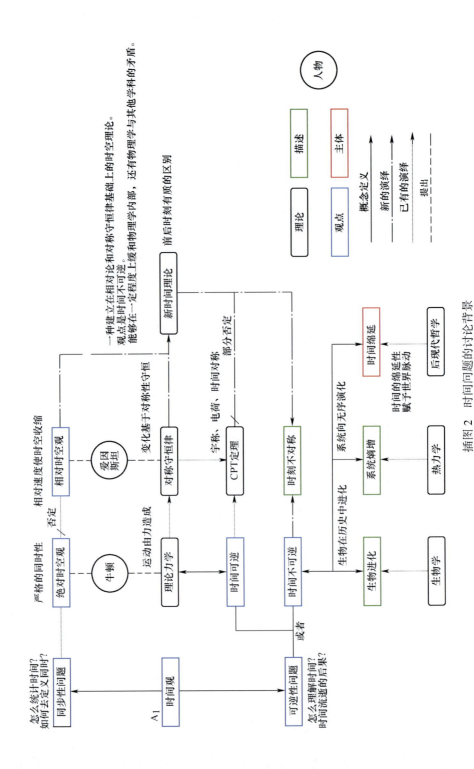

插图 2 时间问题的讨论背景

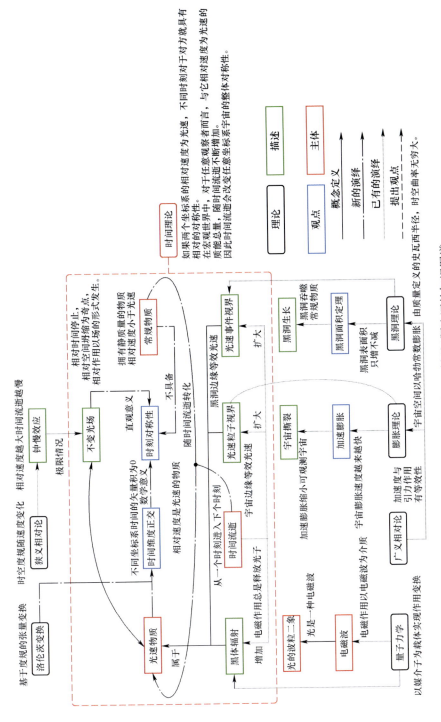

插图 3 时间问题论证的知识图谱

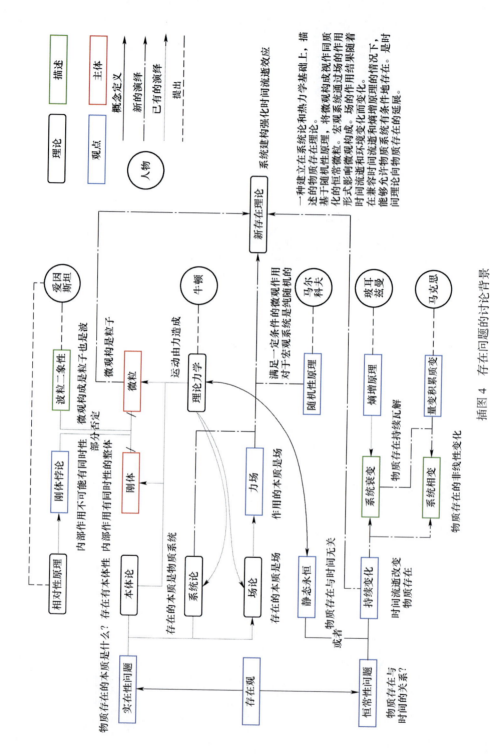

插图 4 存在问题的讨论背景

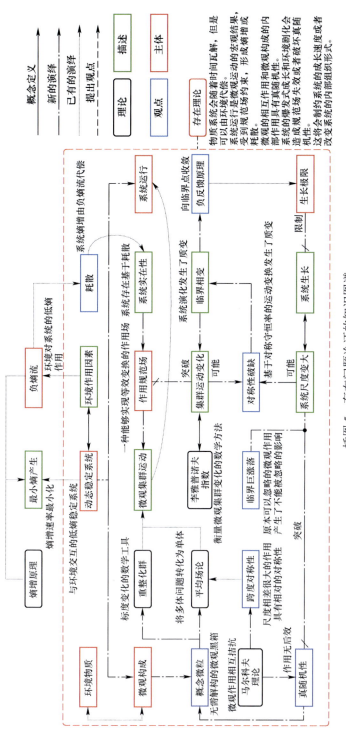

插图 5 存在问题论证的知识图谱

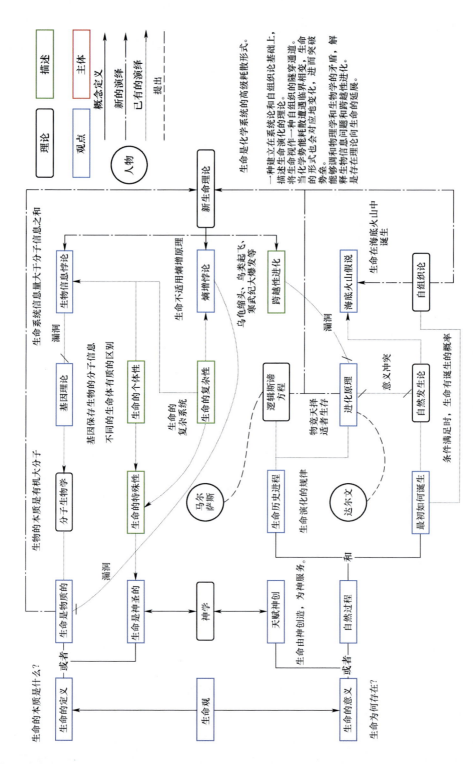

插图 6 生命演化问题的讨论背景

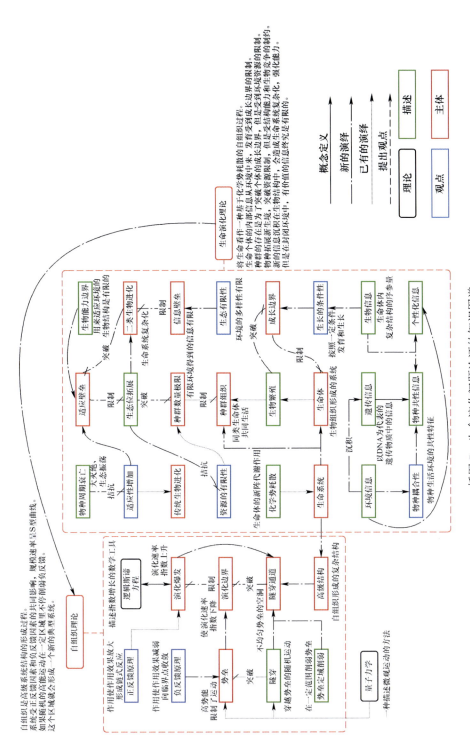

插图 7 生命演化问题论证的知识图谱

彩 7

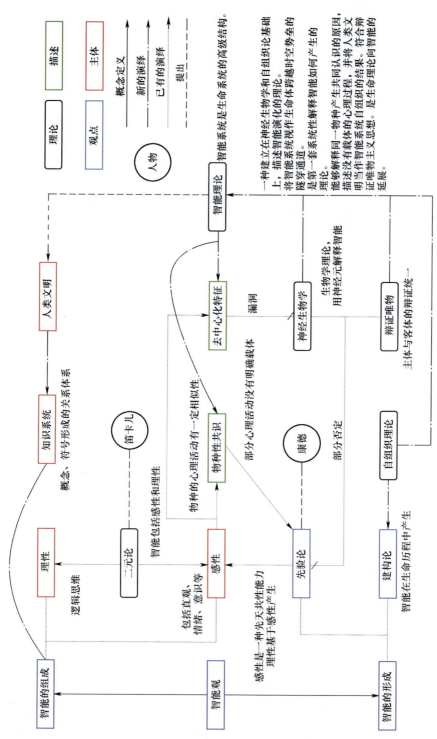

插图 8 智能演化问题的讨论背景

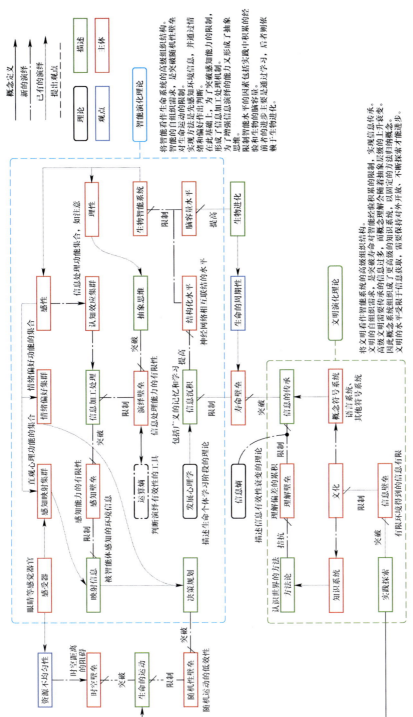

插图 9　智能演化问题论证的知识图谱

彩 9